FORSCHUNGSBERICHTE DES LANDES NORDRHEIN-WESTFALEN

Herausgegeben
im Auftrage des Ministerpräsidenten Dr. Franz Meyers
von Staatssekretär Professor Dr. h.c. Dr. E.h. Leo Brandt

DK 621.9 - 521:621.3
621.9 - 57:621.3

Nr. 1070

Prof. Dr.-Ing. Dr. h. c. Herwart Opitz
Dr.-Ing. Hans-Hermann Herold

Laboratorium für Werkzeugmaschinen und Betriebslehre
der Rhein.-Westf. Techn. Hochschule Aachen

Elektromechanische Kopiersteuerungen

Als Manuskript gedruckt

WESTDEUTSCHER VERLAG / KÖLN UND OPLADEN

1962

ISBN 978-3-663-03605-0   ISBN 978-3-663-04794-0 (eBook)
DOI 10.1007/978-3-663-04794-0

Gliederung

Seite

Abkürzungsverzeichnis 5

1. Einleitung 9

2. Aufbau und Arbeitsweise der Nachformsysteme 11

3. Bauelemente 13
   3.1   Fühler 13
   3.11   Arten und Aufbau der Kontaktfühler 13
   3.12   Statische Kennwerte 17
   3.13   Dynamische Kennwerte 22
   3.14   Induktives Fühlersystem 23
   3.2   Elektromagnet-Kupplungen 25
   3.21   Elektromagnet-Reibungskupplungen 27
   3.211   Aufbau und Arbeitsweise 27
   3.212   Magnetischer Kreis 28
   3.213   Drehmomente 37
   3.214   Meßergebnisse 42
   3.215   Dynamische Vorgänge 52
   3.22   Elektromagnet-Zahnkupplungen 60
   3.3   Signalverstärker 65

4. Verhalten der Nachformsysteme 68
   4.1   Nachfahrfehler 69
   4.11   Lagefehler 70
   4.12   Fehler durch die Arbeitsbewegung 75
   4.121   Führungsverhalten in Planrichtung 77
   4.1211 Schaltamplitude 77
   4.1212 Schaltfrequenz 81
   4.122   Führungsverhalten in Längsrichtung 82
   4.1221 Schaltamplitude 82
   4.1222 Schaltfrequenz 84
   4.13   Störgrößen 86
   4.131   Lastmoment 86

		Seite
4.132	Nachgiebigkeit der Bezugsform	88
4.2	Stabilität des Systems	90
4.21	Stabilitätskriterium	91
4.3	Fragen der Optimierung des Systems	95
4.31	Selbsttätige Einstellung der Fühleransprechempfindlichkeit und der Toten Zone	95
4.32	Tangentenverfahren	96
5. Schlußbetrachtung		97
6. Literaturverzeichnis		100

Abkürzungsverzeichnis

Alle regelungstechnischen Bezeichnungen und Definitionen nach DIN 19226:

Symbol	Einheit	Bedeutung
A		Werkstoffkonstante
B	G	magnetische Induktion
B_δ	G	magnetische Luftspaltinduktion
C_w	F	Wicklungskapazität
C_1, C_2		Konstante
c_1	$s\,(kpm)^{-0,33}$	Konstante von Kupplungsbaureihen
c_2	$s\,(kpm)^{-0,33}$	Konstante von Kupplungsbaureihen
c_3	$s\,(kpm)^{-0,5}$	Konstante von Kupplungsbaureihen
c_4	$s\,(kpm)^{-0,25}$	Konstante von Kupplungsbaureihen
E_{kin}	kpm	kinetische Energie
F	mm^2	Polfläche
F_{sp}	mm^2	Spulenquerschnitt
f		Reibwert
f_G		Gleitreibwert
f_R		Ruhereibwert
f_{Krit}	Hz	kritische Frequenz
f_s	Hz	Schaltfrequenz
G	$kp\,mm^{-2}$	Gleitmodul
H	$A\,mm^{-1}$	magnetische Feldstärke
H_δ	$A\,mm^{-1}$	magnetische Feldstärke im Luftspalt
h	mm	Spindelsteigung
I, i	A	Strom
I_B	A	Basisstrom
I_C	A	Kollektorstrom
I_n	A	Nennstrom
$K_1, K_2 \ldots$		Bezeichnungen für Kontakte
k		Füllfaktor der Wicklung
L	H	Induktivität
$L_{\delta E}$	H	Induktivität beim Luftspalt δ_E
$L_{\delta A}$	H	Induktivität beim Luftspalt δ_A
$\mathbf{L}_h$	H	Hauptinduktivität
L_σ	H	Streuinduktivität
l_E	mm	Eisenweg

l_m	m	mittlere Windungslänge
l_w	mm	Länge der Welle
M	kpm	Moment allgemein
M_b	kpm	Bremsmoment
M_{Last}	kpm	Lastmoment
M_l	kpm	Leerlaufmoment von Reibungskupplungen
M_s, M_{s1}, M_{s2}	kpm	schaltbares Moment von Reibungskupplungen
M_{sn}	kpm	Nennmoment von Reibungskupplungen
$M_ü$	kpm	übertragbares Moment von Reibungskupplungen
M_z	kpm	Moment von Zahnkupplungen
M_{zn}	kpm	Nennmoment von Zahnkupplungen
N	kp	Normalkraft
N_v	w	Verlustleistung
n, n_I, n_{II}	min^{-1}	Drehzahl
n_E	min^{-1}	Enddrehzahl
P	kp	Kraft
P_f	kp	Fühlerkraft
p	$kp\ cm^{-2}$	spezifische Flächenpressung
R	kp	Reibungskraft
R_h	Ω	Ersatzwiderstand für Hystereseverluste
R_i	Ω	Innenwiderstand
R_p	Ω	Parallelwiderstand zur Kupplungsspule
R_v	Ω	Vorwiderstand der Kupplungsspule bzw. der Relaisspule
R_w	Ω	Ersatzwiderstand für Wirbelstromverluste
r_{o1}, r_{o2}	mm	Amplitude der Relativbewegung
r_m	mm	mittlerer Reibradius
s	mm	Weg
T_g	s	Zeit einer Schaltperiode
T_t	s	Totzeit
T_{te}	s	Einschalttotzeit
T_{ta}	s	Ausschalttotzeit
T_v	s	Verzugszeit
t	s	Zeit
t_a	s	Ausschaltdauer

t_{an}	s	Ansprechzeit
t_{an_o}	s	Ansprechzeit ohne Schnellerregung
t_{ast}	s	Anstiegszeit
T_{ast_o}	s	Anstiegszeit ohne Schnellerregung
t_{ab}	s	Abschaltzeit
t_{ab_o}	s	Abschaltzeit ohne Parallelwiderstand
t_e	s	Einschaltdauer
t_f	s	Zeitpunkt des Formschlusses
U	kp	Umfangskraft
U_B	V	Batteriespannung
U_{CE}	V	Kollektor-Emitterspannung
U_s	V	Selbstinduktionsspannung
$ü$		Übersetzungsverhältnis
v	mm min^{-1}	Geschwindigkeit
$v_l\ (v_v)$	mm min^{-1}	Längs- (Vertikal-) Vorschubgeschwindigkeit
$v_p\ (v_h)$	mm min^{-1}	Plan- (Horizontal-) Vorschubgeschwindigkeit
v_r	mm min^{-1}	resultierende Vorschubgeschwindigkeit
W_m	Ws	magnetische Energie
w_s		Windungszahl
x_a	mm	Ausgangsgröße
x_e	mm	Eingangsgröße
$x_{o1},\ x_{o2}$	mm	Amplitude der Arbeitsbewegung
Z	kp	Kraft der Rückstellfedern
z		Anzahl der Reibpaarungen bzw. der Zähne
$2\alpha_z$	Grad	Zahnwinkel bei Zahnkupplungen
δ	mm	Luftspalt
δ_E	mm	Luftspalt in Endstellung
δ_A	mm	Luftspalt in Ausgangsstellung
Θ	kpms^2	Trägheitsmoment
Θ_F	kpms^2	Fremdträgheitsmoment
Θ_g	kpms^2	Gesamtträgheitsmoment
Θ_k	kpms^2	abtriebsseitiges Trägheitsmoment der Kupplung

Θ_W	$kpms^2$	polares Trägheitsmoment einer Welle
$\Theta_{ZI}, \Theta_{ZII}$	$kpms^2$	Trägheitsmoment von Zahnrädern
Λ	H	magnetischer Leitwert
λ		Regelfaktor
μ	$G\ mm\ A^{-1}$	absolute magnetische Permabilität
μ_o	$4\pi\ G\ mm\ A^{-1}$	Induktionskonstante
μ_r		relative magnetische Permabilität
τ	s	elektromagnetische Zeitkonstante
τ_B	s	Zeitkonstante der Induktion
τ_{B_o}	s	Zeitkonstante der Induktion ohne Schnellerregung
τ_i	s	Zeitkonstante des Kupllungsstromes
τ_{i_o}	s	Zeitkonstante des Kupplungsstromes ohne Schnellerregung
τ_1, τ_2	s	Zeitkonstante beim Einschalten der Kupplung
τ_3, τ_4	s	Zeitkonstante beim Ausschalten der Kupplung
ϑ	Grad	Verdrehwinkel des Querschnittes einer Welle
ϑ_S	$\Omega\ mm^2\ m^{-1}$	spezifischer Widerstand
ω	s^{-1}	Winkelgeschwindigkeit

1. Einleitung

Bei allen spanenden Bearbeitungsverfahren wird die gewünschte Werkstückform durch Relativbewegungen zwischen Werkzeug und Werkstück erzeugt. Das selbsttätige Steuern und Regeln dieser Bewegungen ist in den letzten Jahren immer häufiger anzutreffen, da man bei der Fertigung von Teilen mit vielfach komplizierten Formen in mittleren und großen Stückzahlen bestrebt ist, unter anderem die subjektiven Einflüsse des Bedienungspersonals auszuschalten und eine bessere zeitliche Ausnutzung der Maschine zu erreichen. Abbildung 1 zeigt eine Zusammenstellung der gebräuchlichsten Systeme.

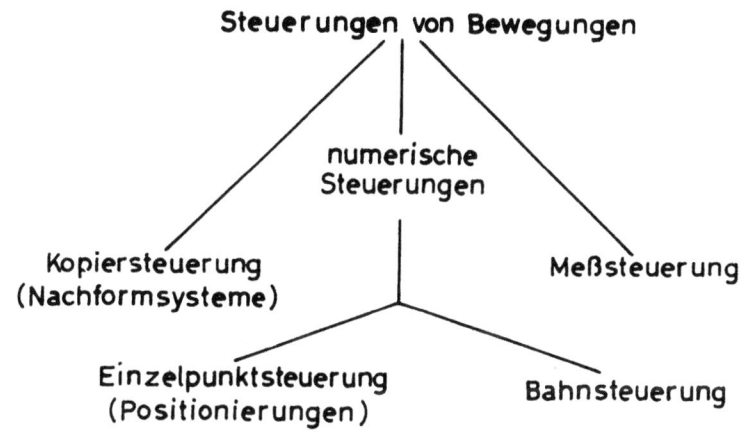

A b b i l d u n g   1

Steuerungen von Bewegungen bei Werkzeugmaschinen

Nachformsysteme und Stetigbahnsteuerungen erzeugen durch das Nachfahren von mechanischen oder elektrischen Weginformationen die gewünschte Form des Werkstückes. Zum Einfahren in vorgegebene Positionen verwendet man Einzelpunktsteuerungen. Meßsteuerungen dienen vor allem zur Vermeidung von Maß- und Formabweichungen der Werkstücke durch den Werkzeugverschleiß.

Während die Ausbildung des Reglers bzw. der meßwert- und informationsverarbeitenden Bauelemente bei den einzelnen Systemen entsprechend ihrer Verwendung recht unterschiedlich ist, findet man als Stellglieder insbesondere elektromagnetisch betätigte Kupplungen und elektrische oder hydraulische Motoren.

Aus der in Abbildung 1 gezeigten Aufstellung behandelt diese Untersuchung die Nachformsysteme.

Das Werkzeug folgt bei diesen Systemen einer Führungsgröße, die die Abmessungen des Werkstückes vorgibt. Dieser Vorgang kann durch ein stetiges oder unstetiges System, oder durch eine Kombination beider, gesteuert sein. Bei einer stetigen Veränderung der Führungsgröße wird die Werkzeugbewegung bei stetigen Systemen ebenfalls stetig verlaufen, während sie bei unstetigen Systemen dieser Veränderung in kleinen Schritten nachfolgt.

Entsprechend der Ausbildung der Übertragungselemente im Signalflußweg unterscheidet man weiterhin mechanische, hydraulische und elektromechanische Kopiereinrichtungen, wobei man den beiden letzteren den Vorzug gibt.

Bei kleineren und mittleren Drehmaschinen und teilweise auch Fräsmaschinen werden stetig arbeitende hydraulische und elektrohydraulische Systeme bevorzugt eingesetzt, während bei größeren Drehmaschinen, Walzen- und Karuselldrehbänken sowie Fräs- und Hobelmaschinen elektrische, vorwiegend elektromechanische Folgesysteme Verwendung finden.

Von diesen Folgeregelkreisen wird man aus fertigungstechnischen Gründen fordern, daß sie die vorgegebene Werkstückform innerhalb der festgelegten Maß- und Formtoleranzen ohne Auftreten von Instabilitätsschwingungen des Regelkreises erzeugen.

Die in diesem Bericht zusammengefaßten Untersuchungen befassen sich mit elektromechanischen unstetigen Nachformsystemen. Es sollen folgende Fragen behandelt werden:

a) welche Nachformfehler haben derartige Systeme.
b) welches Stabilitätskriterium besitzen diese Steuerungen.
c) welche Forderungen ergeben sich aus den Untersuchungen für die konstruktive Gestaltung dieser Systeme und deren Bauelemente.

Die Beantwortung dieser Fragen erfordert zunächst die Kenntnis des statischen und dynamischen Verhaltens der bisher in Folgeregelkreisen verwendeten Bauelemente, über deren Eigenschaften nur wenige Ergebnisse vorlagen.

Mit den Untersuchungsergebnissen über die Bauelemente soll dann das Führungsverhalten und die Stabilität von unstetigen elektrischen Nachformeinrichtungen betrachtet und die Genauigkeit der Systeme sowie die Fragen der Optimierung behandelt werden.

2. Aufbau und Arbeitsweise der Nachformsysteme

Bei den elektrischen Nachformeinrichtungen werden bevorzugt unstetige Systeme eingesetzt, da die stetig arbeitenden Elektromotoren gegenüber den unstetig arbeitenden elektromagnetisch betätigten Kupplungen ein ungünstigeres Übergangsverhalten besitzen.

Die Bezugsform oder die Führungsgröße w (Abb. 2) ist bei den unstetig arbeitenden elektromechanischen Folgeregelkreisen meistens eine Schablone oder ein Meisterstück in Originalgröße. Die Bezugsform wird von einem Kontaktfühler abgetastet. Bei entsprechender Regelabweichung $x_w = x - w$ zwischen Bezugsform und Taster erhält der Verstärker Schaltbefehle, die das Stellglied mit der Stellgröße y beaufschlagen. Die Elektromagnetkupplung schließt den Kraftfluß zwischen dem Antrieb mit der Drehzahl n und der Vorschubspindel. Die Umsetzung der rotatorischen Bewegung in eine tranlatorische erfolgt bei der Verwendung einer Vorschubspindel durch die Spindelmutter.

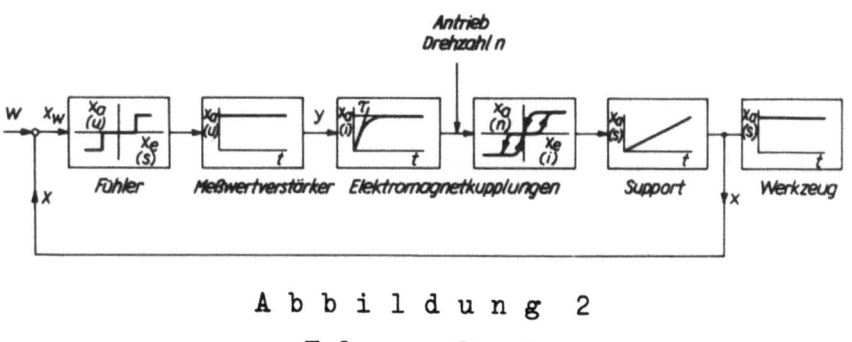

A b b i l d u n g   2
Folgeregelkreis

Fühler, Verstärker, Stellglieder und Support bzw. Maschinentisch bilden einen Regelkreis. Zu den durch die Eigenschaften des Regelkreises bedingten Abweichungen von der Bezugsform, dem Nachfahrfehler, addieren sich noch der durch die Regelung nicht zu erfassende Werkzeugverschleiß und die maschineneigenen Fehler. Die Fehlersumme soll als Nachformfehler bezeichnet werden.

Die Nachbildung der Bezugsform ergibt sich aus der Steuerung der Bewegung in zwei oder drei- meistens zueinander senkrecht stehenden, Koordinaten. Sie werden nach einer in dem Fühler festgelegten Reihenfolge, zu- oder abgeschaltet. Durch die bei der Auslenkung des Fühlers überlappend schaltenden Kontakte ist ein ununterbrochener Bewegungszyklus vorhanden. Die den einzelnen Bewegungsrichtungen zugeordneten Signalgeber sind in einem Fühler vereinigt.

Für die verschiedenen Bearbeitungsverfahren sind unterschiedliche Abbildungsverfahren bekannt.

Bei Drehmaschinen wird der Planvorschub (Horizontalvorschub) in beiden Richtungen geschaltet. Kombiniert sind diese beiden Bewegungsrichtungen entweder mit einem durchlaufenden Längsvorschub (Vertikalvorschub) als Leitvorschub (seltener) oder mit einem Längsvorschub, den man in einer oder in zwei Richtungen schalten kann. Hierbei ist der in beiden Richtungen zu schaltende Plan- und Längsvorschub die häufigste Kombination.

Beim Umrißfräsen bewegt sich das Werkzeug (oder der Tisch) nur in einer Ebene, welche senkrecht zur Fräserachse steht. Die Quer- und Längsvorschübe (Horizontalvorschub) müssen sich dabei in beiden Bewegungsrichtungen steuern lassen. Während man bei diesem Verfahren vom einschichtigen Umrißfräsen spricht, bedeutet das mehrschichtige Umrißfräsen beim Herstellen von Raumformen die Bearbeitung in verschiedenen Höhenschichten. Nach jedem Umlauf wird der Vertikalvorschub (Horizontalvorschub) um eine Höhenschicht zugeschaltet.

Als zweites Verfahren ist das Zeilenfräsen zu nennen, das man nur bei der Fertigung von Raumformen anwendet. Das Fräswerkzeug bewegt sich dabei in axialer und oft gleichzeitig auch in seitlicher Richtung. Die seitliche Bewegung erfolgt stets nach einer einfachen geometrischen Kurve, die meistens eine Gerade (Parallelzeilen) oder seltener ein Kreis (Rundzeilen) ist.

Das dritte Verfahren ist das Raumfräsen, bei dem der Fräser gleichzeitig in allen drei Raumrichtungen bewegt wird [1, 2].

Die Folgesysteme können mit Zweipunkt- oder Dreipunktreglern aufgebaut sein. Der Dreipunktregler hat gegenüber dem Zweipunktregler den Vorteil, daß er einen bestimmten Beharrungszustand besitzt, während der Zweipunktregler zwischen zwei Grenzzuständen schwingt. Durch die große Anzahl seiner Schaltspiele stellt er an die Bauelemente des Systems große Anforderungen bezüglich der Lebensdauer. Vorteilhaft ist das Zweipunktsystem nur dann, wenn bei sehr geringen Totzeiten des gesamten Regelkreises die Schaltfrequenz relativ hoch ist, denn dann kann man das unstetige System mit einem analog-ähnlichen System vergleichen. Diese Voraussetzungen sind jedoch bei elektromechanischen Systemen üblicher Baugröße nicht gegeben, so daß im weiteren nur Systeme mit Dreipunktreglern behandelt werden [3].

3. Bauelemente

3.1 Fühler

3.11 Arten und Aufbau der Kontaktfühler

Der Fühler hat die Aufgabe, während der Arbeitsbewegung die Abweichung von der Bezugsform zu messen. Er wird hierbei aus der Ruhestellung ausgelenkt. Die Fühlerauslenkung nach Richtung und Betrag kann somit als Vektor aufgefaßt werden. Stetige Fühler, die vornehmlich nur in Verbindung mit stetigen Systemen zu finden sind, arbeiten meistens mit dem Betrag der Fühlerauslenkung, seltener richtungs- und betragsempfindlich. Bei den unstetigen Systemen sind bis jetzt auch nur Kontaktfühler (Taster) bekannt, die auf eine Änderung des Auslenkbetrages ansprechen.

Bei den Kontaktfühlern unterscheidet man drei verschiedene Ausführungsarten:

a) Taster, die nur in Richtung ihrer Längsachse auslenkbar sind (Abb. 3). Sie nehmen bei den unterschiedlichen Winkeln der Bezugsform jeweils nur den in ihre Längsachse fallenden Betrag des Auslenkungsvektors auf. Sie müssen bei Bezugsformen, die parallel zu ihrer Auslenkungsachse verlaufen, so gedreht werden, daß eine axiale Komponente des Auslenkungsvektors vorhanden ist.

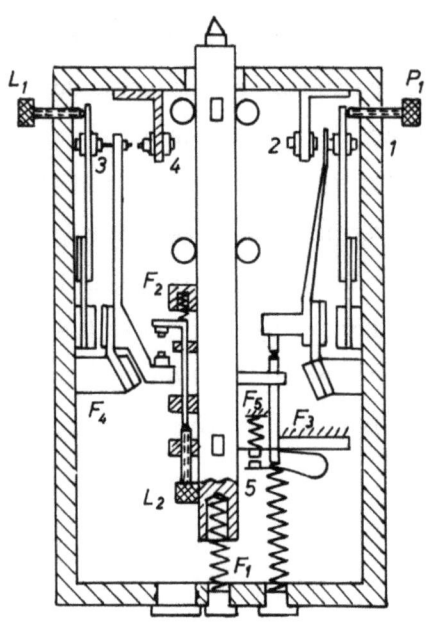

A b b i l d u n g 3
Kontaktfühler für axiale Auslenkung

b) Taster, die in einer Ebene auslenkbar sind. Diese Ebene kann z.B. senkrecht zu ihrer Längsachse liegen (Abb. 4). Bei ihnen wird der Betrag der radialen Auslenkung in die Längsachse des Fühlers umgelenkt. Bei der in Abbildung 4 dargestellten Konstruktion erfolgt dies über die in einem Pendelkugellager geführte Tasterspitze, die auf einen Kegel einwirkt.

c) Taster, die räumlich ausgelenkt werden können. Die Umlenkung der radial ausgelenkten Tasterspitze erfolgt bei der in Abbildung 5 gezeigten Ausführungsform durch die Lagerung der Tasterspitze in einem Pendelkugellager, welches die radiale Auslenkung über Kugelpfannen (Kugel in zwei Kegelpfannen) in die axiale Auslenkung umlenkt. An Stelle des Pendelkugellagers verwendet man auch neuerdings eine kardanische Aufhängung.

Die Kontaktfühler der Gruppe a und b sind für zweidimensionale Bearbeitungsverfahren bestimmt; die unter die Ausführungsart c fallenden wurden für dreidimensionale Bearbeitungsverfahren entwickelt.

Ein mit drei Kontakten ausgerüsteter Taster kann als Fünfstellungskontaktfühler bezeichnet werden, da er mit wachsender Auslenkung z.B. die

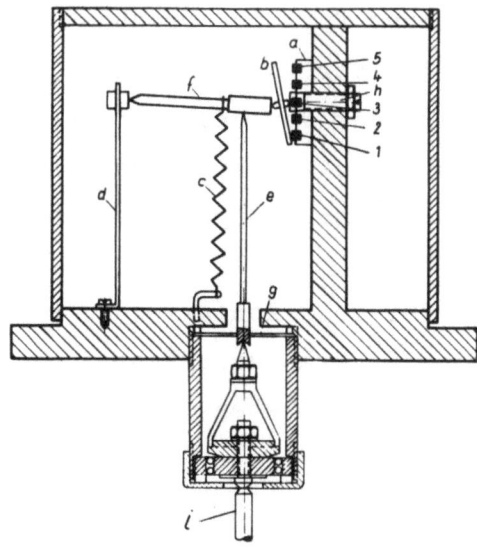

a Kontaktbahn mit den Kontaktstufen 1 bis 5
b Taumelscheibe
c Schraubenfeder
d Blattfeder
e Übertragungsbolzen
f Hebel
g Membrane
h Stellschraube
i Taststift

Abbildung 4

Kontaktfühler für Auslenkungen in einer Ebene

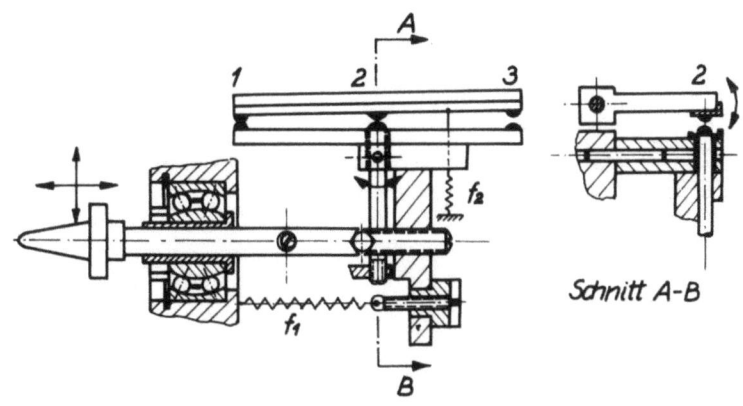

Abbildung 5

Kontaktfühler für räumliche Auslenkungen

in Abbildung 6a dargestellten fünf Bewegungsrichtungen einleiten kann. Bei einer Nachformeinrichtung für eine Drehbank z.B. wäre der Kontakt K_1 der Vorschubrichtung plan vor, der Kontakt K_2 einer Längsvorschubrichtung und der Kontakt K_3 der Vorschubrichtung plan zurück zugeordnet. Systeme mit Fünfstellungskontaktfühler können ohne Quadrantenumschaltung einen Winkelbereich von 180° der Bezugsform nachfahren.

Besitzt der Taster vier oder mehr Kontakte, so kann er einen Winkelbereich der Bezugsform von 270° Grad durchfahren, wie dies aus Abbildung 6b hervorgeht. Man kann ihn als Siebenstellungskontaktfühler bezeichnen.

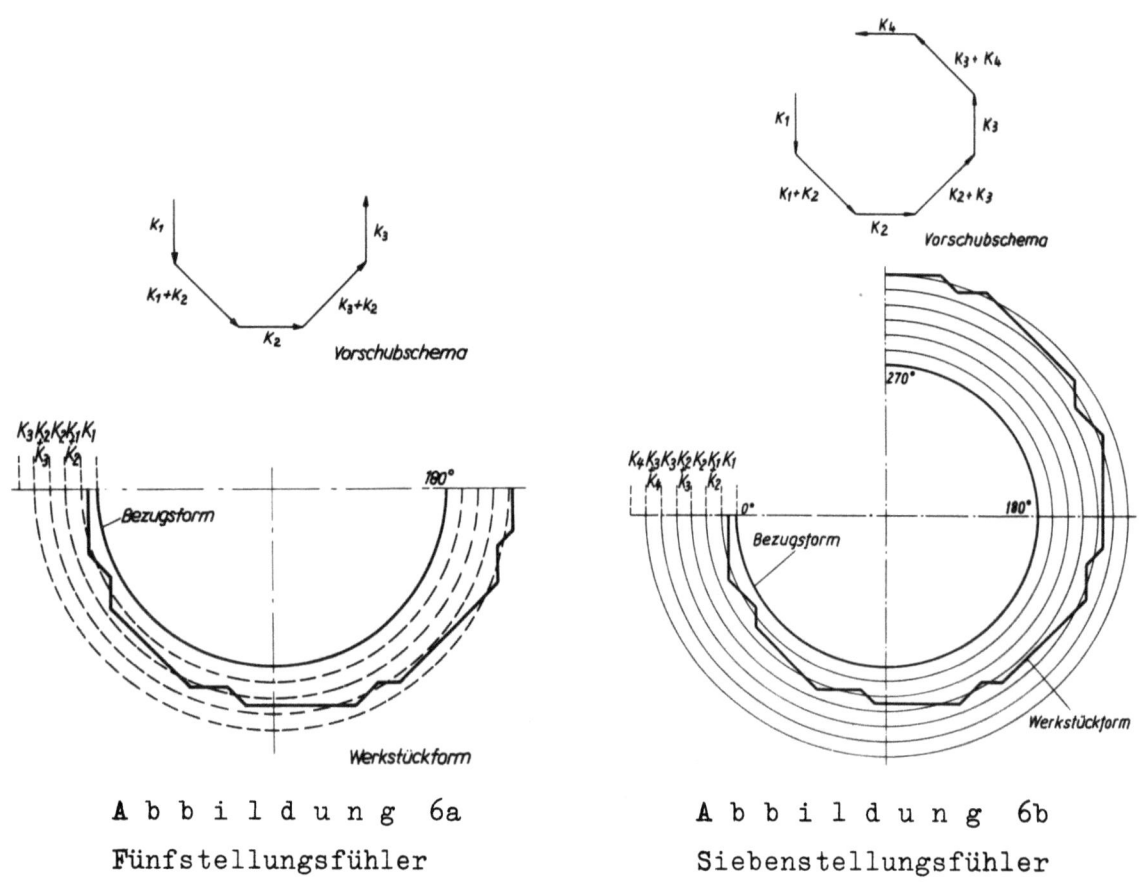

Abbildung 6a
Fünfstellungsfühler

Abbildung 6b
Siebenstellungsfühler

Die Abbildung der Bezugsform erfolgt durch die Kombination von zwei oder drei Bewegungsrichtungen, die für jeden Quadranten verschieden ist. Die Aneinanderreihung einer Anzahl derartiger Bewegungsrichtungen ermöglicht es, durch einen erhöhten Auslenkweg (Abb. 6a und b) mehrere Quadranten zu durchfahren. Der in Ruhestellung des Tasters geschlossene Kontakt muß mit einer Bewegungsrichtung belegt sein, die in jeder Stellung des Tasters die Bezugsform schneidet. Ist dies nicht der Fall, z.B. beim Nachfahren einer Außenkontur, so wird der Taster von der Bezugsform nach 180° weglaufen, d.h. eine Quadrantenumschaltung ist bei

$180°$ notwendig. Diese Quadrantenumschaltung erfolgt durch einen Handschalter oder durch Kontakte, die auf die Richtung oder den Betrag des Auslenkungsvektors ansprechen. Diese Umschaltung bewirkt eine andere Zuordnung der Bewegungsrichtungen auf die Kontakte.

3.12 Statische Kennwerte

Die Betätigung der einzelnen Kontakte ist bei den angeführten Tasterarten von dem Betrag des Auslenkungsvektors abhängig. Die funktionsnotwendigen Auslenkwege und die Hysterese werden den Kontaktfühler kennzeichnen. Ferner verursacht die Auslenkkraft elastische Verformungen der Bezugsform, die als Nachfahrfehler das Bearbeitungsergebnis beeinflussen können.

Zur Aufnahme der Kraft-Weg-Kennlinie wurde ein Meßgerät entwickelt, wie es Abbildung 7 zeigt. Die Tasterspitze des Fühlers drückt auf die Mitte einer Stahlbrücke, die sich unter dem Tasteranpreßdruck durchbiegt. Eine Kugel überträgt diese Bewegung, die der Fühleranpreßkraft proportional ist auf einen in zwei Membranen gelagerten Bolzen, an dem eine Metallzunge befestigt ist. Zwei induktive berührungslose Wegaufnehmer messen die Verschiebung der Zunge. Die Meßvorrichtung läßt sich mit den beiden Mikrometerschrauben in den Auslenkrichtungen des feststehenden Fühlers verschieben. Der Auslenkweg der Fühlerspitze wird durch einen induktiven Verlagerungsaufnehmer, der an der Tasterspitze angreift, gemessen.

An Hand des in Abbildung 5 gezeigten Tasters sollen die für fast alle Kontaktfühler geltende Funktionsweise und die Kraft-Weg-Kennlinien erläutert werden.

Der in einem Pendelkugellager geführte Tasterstift überträgt über zwei Kugelpfannen eine Wegänderung auf einen Gelenkhebel. Die Feder f_1 sorgt für die notwendige Anpreßkraft der Tasterspitze. Der Drehpunkt des Gelenkhebels fällt mit dem Kontakt 2 auf der unteren Kontaktleiste zusammen, wie dies auch in der Seitenansicht zu sehen ist. Die obere Gegenkontaktleiste ist nach hinten schwenkbar. Die Feder f_2 sorgt für die notwendige Kontaktkraft. Eine axiale Tasterauslenkung bewirkt eine Drehung der unteren Kontaktleiste gegen den Uhrzeigersinn, wobei die obere Kontaktleiste so lange folgt, bis der Kontakt 2 geschlossen ist; anschließend öffnet Kontakt 1. Bei weiterer Drehung schließt Kontakt 3 und Kontakt 2 öffnet. Besitzt der Auslenkungsvektor eine radiale Komponente, so bewirkt diese über die Umlenkung in den Kugelpfannen ebenfalls eine Drehung des Gelenkhebels.

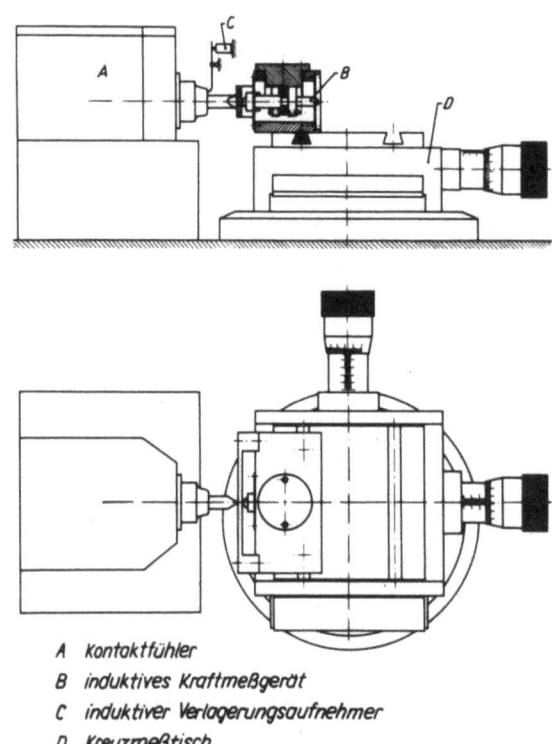

A Kontaktfühler
B induktives Kraftmeßgerät
C induktiver Verlagerungsaufnehmer
D Kreuzmeßtisch

A b b i l d u n g 7
Meßgerät zur Aufnahme der Fühler-Kraft-Weg-Kennlinien

In Abbildung 8 ist eine Kraft-Weg-Kennlinie dieses Kontaktfühlers für axiale Auslenkung dargestellt. Die Kurven I und III unterscheiden sich durch verschiedene Federeinstellungen.

Es zeigte sich, zunächst von Null aus, ein sehr steiler Anstieg. Bei der Kurve I schloß bei einem Auslenkweg von 30 μm der Kontakt 2, bei 34 μm öffnete der Kontakt 1 und bei 72 μm wurde der Kontakt 3 betätigt, während bei 77 μm Kontakt 2 abhob.

Die Hysterese, die beim Zurückfahren in die Nullstellung entsteht, ist auf die Reibung in den verschiedenen Lagern und Gelenken des Kontaktfühlers zurückzuführen. Es sei erwähnt, daß die Wälzkörper bei kleinen Auslenkungen sich verschieben und nicht abrollen, so daß die Wälzlager einen großen Anteil der Hysterese verursachen. Die eingezeichnete Kurve II entspricht in der Federeinstellung und dem Kontaktabstand der

Kurve I, jedoch wurde dem Taster ein Schwingung von 50 Hz mit einer
Amplitude von etwa 10 /um überlagert. Die Hysterese liegt wesentlich
niedriger. Zur weiteren Verminderung der Hysterese finden neuerdings
Federgelenke, z.B. in Form einer kardanischen Aufhängung, Anwendung.

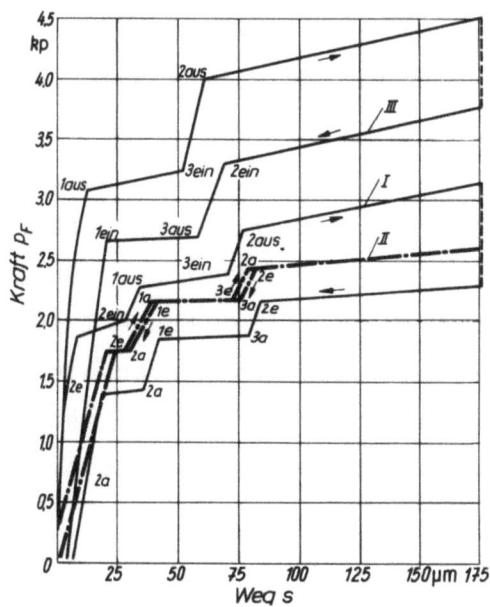

A b b i l d u n g 8
Kraft-Weg-Kennlinie bei axialer Auslenkung

Alle Taster besitzen eine Ansprechempfindlichkeit, deren Betrag von der
Auslenkung abhängt, die zur Betätigung eines Kontaktes notwendig ist.
Der Abstand zwischen zwei Kontakten, die die entgegengesetzten Bewegungsrichtungen einer Koordinate schalten, wird als Tote Zone $2x_t$ bezeichnet [4]. Regelabweichungen, die innerhalb dieser Größe liegen,
lassen sich nicht korrigieren, da der Regelkreis nicht anspricht.

Man ist bestrebt, die Ansprechempfindlichkeit so groß wie möglich zu
wählen und die Tote Zone recht klein zu halten, weil beide Größen den
Nachfahrfehler mit bestimmen. Die Abstände der einzelnen Kontaktstel-
lungen sind jedoch bestimmt durch die Maschinen- und die dem Folgesystem eigenen Größen. So muß der Auslenkweg zur Betätigung des ersten
Kontaktes größer sein, als die durch die Maschinenschwingungen verur-
sachten und an diese Stelle übertragenen Relativbewegungen. Ferner soll
dieser Auslenkweg so auf die Totzeiten und die Zeitkonstante des Folgesystemes abgestimmt sein, daß der Taster nicht abhebt, was unter Um-
ständen zu Prellschwingungen zwischen Taster und Schablone führen kann.
Außerdem muß für ein einwandfreies Führungsverhalten der Weg, bestimmt

durch die Ein- oder Ausschalttotzeit, die Zeitkonstante und die eingestellte Vorschubgeschwindigkeit, kleiner sein als der Auslenkweg zwischen zwei benachbarten Kontakten.

Der in Abbildung 5 gezeigte Kontaktfühler ist nicht nur in axialer Richtung sonder auch räumlich auslenkbar. Betätigt man den Taster in einer Ebene, die parallel zu seiner Grundplatte liegt, in Abbildung 9a mit I bezeichnet, so sind die notwendigen Auslenkwege zur Betätigung der Kontakte für die verschiedenen Auslenkrichtungen unterschiedlich. Der Taster besitzt also ein von der Auslenkrichtung abhängiges Funktionsverhalten, wie dies die Meßergebnisse in Abbildung 9b zeigen. Das Wegverhalten des Tasters bei Auslenkung in der Ebene I ist in Polar-Koordinaten dargestellt. Die stark ausgezogenen Kurven stellen den Auslenkweg der einzelnen Kontakte in Auslenkrichtung dar, während die gestrichelten Kurven den Weg der Auswärtsbewegung und damit die Hysterese angeben.

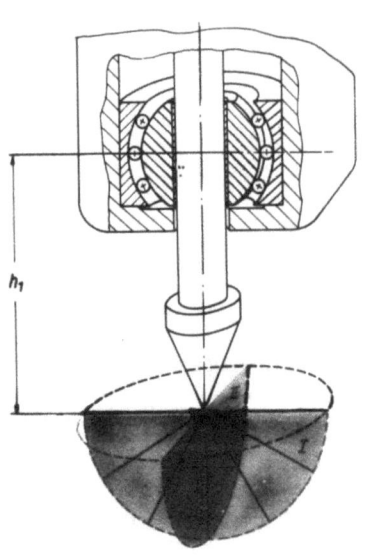
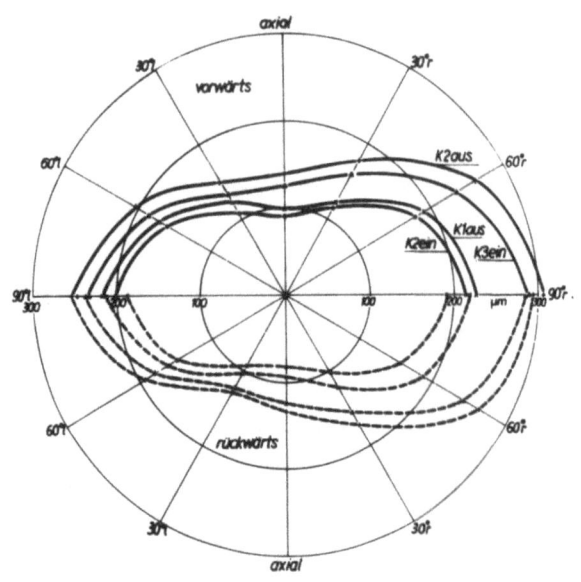

A b b i l d u n g 9a
Fühlerauslenkebenen

A b b i l d u n g 9b
Weg-Kennlinien für Auslenkungen
in einer Ebene (h_1 = 90 mm)

Dieses Verhalten des Tasters in der angegebenen Auslenkebene ist auf das mit der Auslenkrichtung sich ändernde Hebelverhältnis zurückzuführen. Das Hebelgestänge dreht sich um den Kontakt 2 (Abb. 5), wobei die Lage der Kugel in der Kugelpfanne und damit das Hebelverhältnis für die verschiedenen Auslenkrichtungen unterschiedlich ist. Würde dagegen die untere Kugelpfanne axial geführt, so wäre das Verhalten in allen Richtungen gleich.

Bei der Betrachtung der radialen Auslenkung ist der Abstand h_1 von Bedeutung; wird er entsprechend verkürzt (Abb. 9c), so ergibt sich für Auslenkungen in einem Viertelkreis etwa gleiches Funktionsverhalten. Der Abstand h_1 hat also einen Einfluß auf den Betrag der Richtungsempfindlichkeit.

Man kann ganz allgemein feststellen, daß bei Fühlern, bei denen die Auslenkung über eine Winkeländerung des Taststiftes erfolgt, sich das Wegverhalten mit einer unterschiedlichen Länge der Fühlerspitze ändert. Beim Nachfahren von verschiedenen Konturen wählt man die Länge der Fühlerspitze entsprechend der Tiefe der Bezugsform, welches ein unterschiedliches Wegverhalten des Fühlers bedingt. Durch einen parallel verschiebbaren Taststift kann dieser Fehler vermieden werden [5].

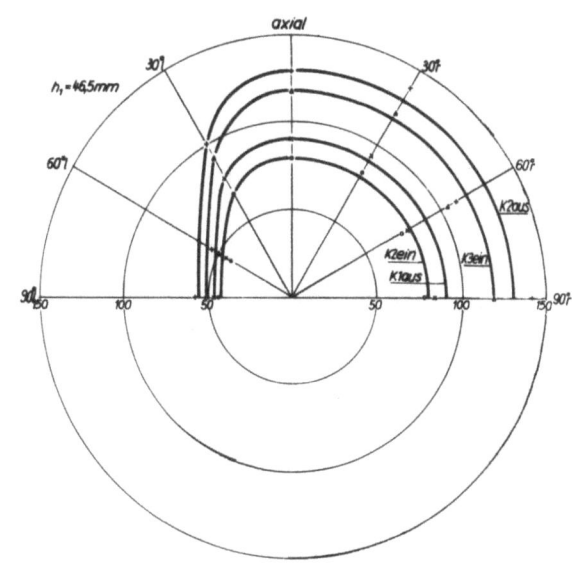

A b b i l d u n g   9c

Weg-Kennlinien für Auslenkungen in einer Ebene (h_1 = 46,5 mm)

Das unsymmetrische Wegverhalten tritt nur dann ein, wenn man den Taster in der angenommenen Ebene I auslenkt oder eine Komponente des Auslenkvektors in diese Ebene fällt. Liegt die Auslenkung nur in der Ebene II, so ist das Verhalten symmetrisch, da dann der Hebelarm unverändert bleibt. Diese Auslenkung bildet jedoch einen Sonderfall, da es sich um einen Taster handelt, der zum Nachfahren bestimmt ist.

Derartige Taster besitzen also eine von der Auslenkrichtung abhängige Ansprechempfindlichkeit und Tote Zone. Dies bedeutet eine unterschiedliche Nachformgenauigkeit und, wie später gezeigt wird, eine unterschiedliche Stabilität entlang der Bezugsform.

3.13 Dynamische Kennwerte

Neben der statischen Auslenkung des Fühlers ist sein dynamisches Verhalten wesentlich. Bei Kontaktfühlern treten Kontaktprellungen auf, die von der Größe der Auslenkamplituden abhängig sind. Kontaktprellungen sind jedoch zu vermeiden, da sie mit Totzeiten gleichzusetzen sind und das Kontaktmaterial unnötig beanspruchen. Die Grenzen, bis zu denen die Fühlerkontakte in Abhängigkeit von Amplitude und Frequenz prellungsfrei arbeiten, wurden durch Messungen ermittelt. Abbildung 10 zeigt diese Abhängigkeit für den in Abbildung 4 gezeigten Fühler. Mit zunehmender Frequenz nimmt die Amplitude, bei der die Kontakte prellungsfrei arbeiten, ab.

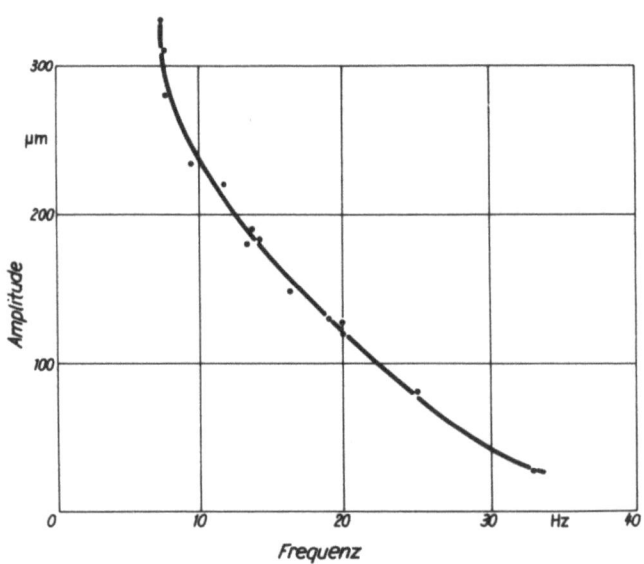

A b b i l d u n g 10
Amplituden-Frequenzgrenze eines Kontaktfühlers

Faßt man die bisherigen Ergebnisse über die Tasteruntersuchungen zusammen, so ergeben sich für die Kontaktfühler folgende Anforderungen:

a) möglichst kleine Hysterese

b) gleiches Kontakt-Weg-Verhalten bei Fühlern mit mehreren Auslenkeinrichtungen; d.h. richtungsunabhängige Ansprechempfindlichkeit

c) die Amplitudenfrequenzgrenze soll über der Grenzfrequenz des übrigen Systemes liegen

d) geringe Anpreßkraft bei kleiner Kraftänderung über dem Auslenkweg

e) die Einstellung des Kontaktabstandes soll zentral möglich sein.

3.14 Induktives Fühlersystem

Auf Grund dieser Untersuchungsergebnisse wurde ein kontaktloses, stetig arbeitendes Fühlersystem für unstetige Stellglieder entwickelt, das auf den Betrag und die Richtung des Auslenkungsvektors anspricht. Dieser Fühler (Abb. 11) enthält zwei Meßwandler, die die radialen und axialen Auslenkungen getrennt messen. Die axialen Auslenkungen des Fühlerstiftes, der mit einem in zwei Membranen gelagerten Tauchanker verbunden ist, wird von einem induktiven Wegaufnehmer gemessen. Der Meßwandler für die radialen Auslenkungen besteht aus zwei um $90°$ versetzten induktiven Differentialaufnehmern, die in Brückenschaltung an einem Trägerfrequenzverstärker angeschlossen sind. Bei radialer Auslenkung wird der Taststift auf Biegung beansprucht, wobei eine Änderung des Luftspaltes je nach Auslenkrichtung die Verstimmung einer oder beider Brücken bewirkt. Ist ihre Brückenspeisespannung um $90°$ phasenverschoben (Abb. 12), so ergibt die Addition der Brückenausgangsspannungen die vektorielle Summe. Nach Verstärkung und Demodulation dieser Spannung erhält man eine dem Auslenkungsweg proportionale Gleichspannung, die in den vier Quadranten bei radialer Auslenkung mit konstanter Amplitude gleich ist. Die Ausgangsspannung schaltet über Schmitt-Trigger (monostabile Multivibratoren), deren Ansprechwerte verschieden eingestellt sind, die einzelnen Stellglieder.

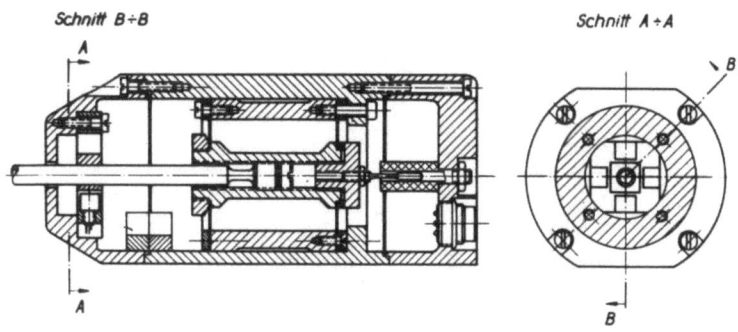

A b b i l d u n g 11
Aufbau eines induktiven Fühlers

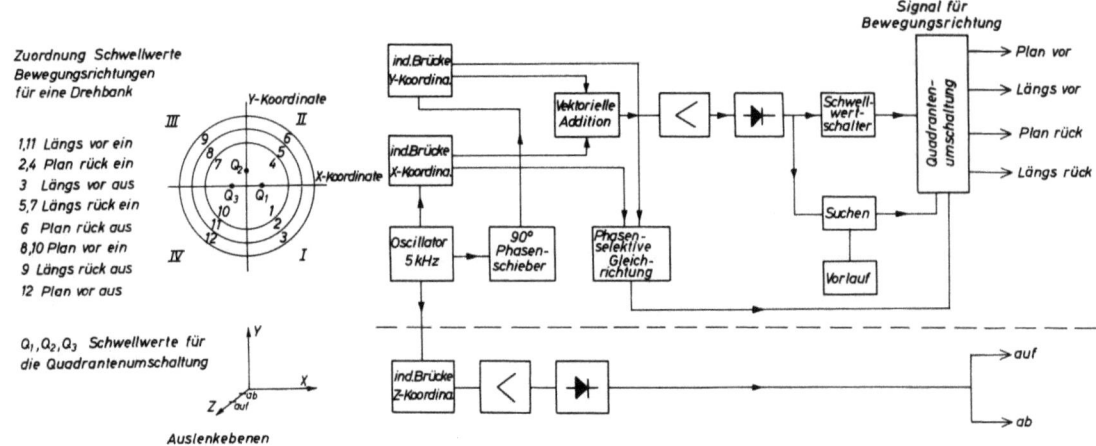

A b b i l d u n g   12

Blockschaltbild für einen dreidimensionalen induktiven Fühler

Durch die Veränderung des Verstärkungsfaktors der Verstärker läßt sich der Weg zwischen den Ansprechwerten der Schmitt-Trigger - die analog zu den Tastern dem Kontaktabstand entsprechen - einstellen. Wie Abbildung 13 zeigt, ist je nach Verstärkungsgrad ein verschieden großer Auslenkweg zum Erreichen der Schwellwerte notwendig, so daß eine zentrale Einstellung der Ansprechempfindlichkeit und der Toten Zone möglich ist.

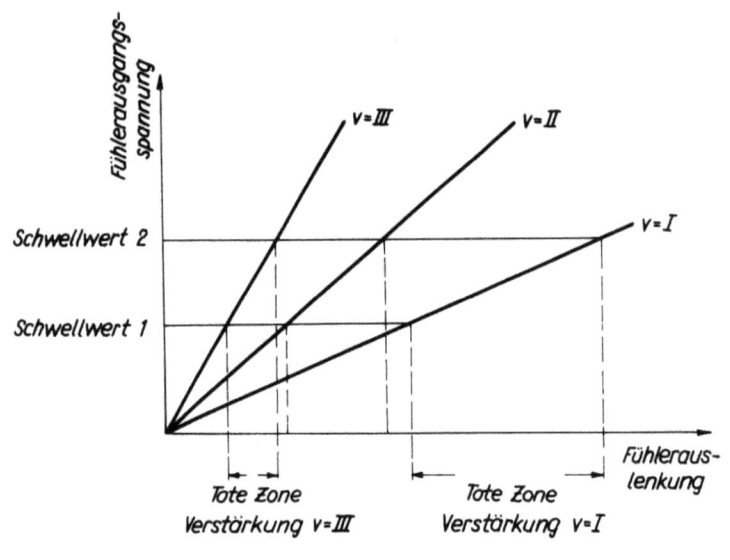

A b b i l d u n g   13

Abhängigkeit der Fühlerausgangsspannung vom Auslenkweg

Die kreuzartige Anordnung der berührungslosen induktiven Wegaufnehmer ergibt durch eine zusätzliche phasenempfindliche Gleichrichtung der beiden Brückenausgangsspannungen für alle Quadranten eine dem Auslenkungsvektor proportionale Spannung. Sie wird zur Umschaltung der Quadranten benutzt. Durch die Unterscheidung der Quadranten lassen sich jedem Quadranten die für ihn notwendigen Bewegungsrichtungen zuordnen. Zum Schalten der entsprechenden Stellglieder sind nur drei Schmitt-Trigger erforderlich. Dies bedeutet gegenüber den Kontaktfühlern eine Verringerung des notwendigen Auslenkweges und damit eine Erhöhung der Nachfahrgenauigkeit, weil die Anzahl der zu schaltenden Bewegungsrichtungen kleiner ist.

Die Schwellwerte der Schmitt-Trigger sind so eingestellt, daß in Ruhestellung dieses Fühlers keine Bewegung des Systems stattfindet. Beim Einschalten der Nachformeinrichtung wird deshalb der Fühler durch ein einmaliges Signal an die Bezugsform bis zum Erreichen des ersten Schwellwertes herangeführt. Bewegt sich der Fühler während des Nachfahrens der Bezugsform durch Änderung des Konturwinkels in seine Ruhestellung, so schaltet sich ein selbsttätiger Suchvorgang ein, der stets auf die Bezugsform gerichtet ist. Beim Nachfahren z.B. einer Kugelaußenkontur wird dieses Fühlersystem am Kulminationspunkt einmal den Suchvorgang einleiten, um sich wieder auszulenken. Im neuen Quadranten folgt er dann der Kontur mit anderen Bewegungsrichtungen.

Dieser induktiv arbeitende, stetige Fühler mit nachgeschaltetem Analog-Digital-Wandler und selbsttätiger Quadrantenumschaltung ist eine elektrische Nachbildung des mechanischen Kontaktfühlers. Er besitzt keine Reibung und damit keine mechanische Hysterese; die durch die Schmitt-Trigger verursachte Hysterese ist vernachlässigbar gering.

Die analoge Arbeitsweise hat außerdem den Vorteil, daß sich das Übertragungsverhalten des Fühlers entsprechend den Eigenschaften des Folgesystemes in weiten Grenzen verändern läßt.

3.2 Elektromagnet-Kupplungen

Als Stellglieder werden bei elektrischen Nachformeinrichtungen bevorzugt elektromagnetisch betätigte Kupplungen eingesetzt, weil sie gegenüber den Elektromotoren ein zeitlich günstigeres Verhalten besitzen. Die Zeitkonstante der Übergangsfunktion der Drehzahl liegt bei Ferraris- und Gleichstromnebenschlußmotoren bei Leistungen um 350 Watt zwischen 50 und 150 ms. Einige Bauarten von Elektromagnet-Kupplungen haben dagegen bei wesentlich höheren Drehmomenten auch ein besseres Zeitverhalten.

BACKÉ [6] hat gezeigt, daß bei unstetigen Nachformeinrichtungen die Größe der Totzeit einen wesentlichen Einfluß auf die Nachfahrgenauigkeit hat. Neben den Totzeiten besitzt die Momenten-Übergangsfunktion der elektromagnetisch betätigten Kupplungen eine Zeitkonstante. Sie beeinflußt durch die vom Stellglied zu beschleunigenden Massen ebenfalls die Größe der auftretenden Regelabweichungen.

Bei den Untersuchungen von Elektromagnet-Kupplungen wurde deshalb insbesondere der Verlauf der Übergangsfunktionen in Abhängigkeit von verschiedenen Einflußgrößen ermittelt, da dieses Bauelement bei den elektrischen Nachformeinrichtungen die anteilmäßig größte Totzeit besitzt und damit das zeitbestimmende Element des Systemes darstellt.

Bei den vielen Konstruktionen elektromagnetisch betätigter Kupplungen, die in Steuerketten und Regelkreisen Verwendung finden, unterscheidet man drei Hauptgruppen:

1. Reibungs-Kupplungen
2. Zahn-Kupplungen
3. Induktions- und Wirbelstrom-Kupplungen.

Für den Einsatz in Folgesysteme, Positionierungen und Stetigbahnsteuerungen kommen wegen der verlangten, möglichst geringen Totzeiten nur die Kupplungen der beiden ersten Gruppen in Betracht. Im Rahmen dieser Arbeit sollen deshalb nur diese Kupplungsarten untersucht werden.

Im folgenden sind die verschiedenen Elektromagnetkupplungen zusammengestellt, deren Übergangsverhalten untersucht wurde. Momentengleiche Kupplungen wurden nur dann untersucht, wenn sie konstruktiv unterschiedlich ausgebildet waren. Die Spulennennspannung war bei allen Kupplungen 24 Volt, bis auf Kupplung B, bei der sie 12 Volt betrug.

Kupp-lung	Kupplungs-art	schaltb. Nenn-Moment kpm	magnet. Durch-flutung d. Reib-flächen	Reibpaarung	Anzahl der Schleif-ringe
A_1	Lamellen-Kupplung	10	nein	Stahl/Sinterbronze	einen
A_2	Lamellen-Kupplung	10	nein	Stahl/Asbest	einen
B	Lamellen-Kupplung	5	nein	Stahl/Kunststoff	zwei
C_1	Lamellen-Kupplung	10	nein	Stahl/Kunststoff	zwei
C_2	Lamellen-Kupplung	10	nein	Stahl/Sinterbronze	zwei
D	Lamellen-Kupplung	10	ja	Stahl/Stahl	einen
E	Lamellen-Kupplung	10	ja	Stahl/Stahl	einen
		maximal über-tragb. Moment	Zähne-zahl	Zahn-win-kel	
F	Zahn-Kupplung	5 kpm	74	$23°$	Stahl/Stahl	schleif-ringlos
G	Zahn-Kupplung	20 kpm	320	$23°$	Stahl/Stahl	einen

3.21 Elektromagnet-Reibungskupplungen

3.211 Aufbau und Arbeitsweise

Die elektromagnetisch betätigten Reibungskupplungen, die durch kraftschlüssige Reibungsverbindungen ihr Moment übertragen, unterteilen sich in Ein- und Mehrscheiben- (Lamellen-) Kupplungen.

Wie aus Abbildung 14 zu ersehen ist, wird der Erregerspule der Kupplung eine Gleichspannung zugeführt. Die in einem Topfkern sitzende Zylinderspule erzeugt einen magnetischen Fluß, der einmal über den Luftspalt und den beweglich gelagerten Anker (Abb. 14a und c) oder über mehrere Luftspalte (Lamellen und die abschließende Ankerscheibe Abb. 14b), geschlossen wird. Die durch das magnetische Feld hervorgerufene Axialkraft drückt den Anker gegen die Reibflächen, die mit der Magnetkörperseite und der Mitnehmerseite verbunden sind, so daß eine kraftschlüssige Verbindung entsteht. Bei Kupplungen mit magnetisch durchfluteten Lamellen (Abb. 14b) muß das Lamellenpaket aus einem ferromagnetischen Werkstoff bestehen, während bei Kupplungen mit nicht durchfluteten Lamellen (Abb. 14a und c) die Reibpaarung nach den günstigsten Übertragungseigenschaften - Reibwert und Verschleiß - ausgewählt wird; ein auftretender Lamellenverschleiß läßt sich bei ihnen durch Nachstellen des Luftspaltes ausgleichen. Beim Abschalten der Spannung wird bei der Ausführungsform in Abbildung 14a und c die Ankerscheibe durch Spreizfedern abgedrückt, während bei der in Abbildung 14b gezeigten Kupplung die Spreizung durch sinusförmig gewellte Lamellen erfolgt.

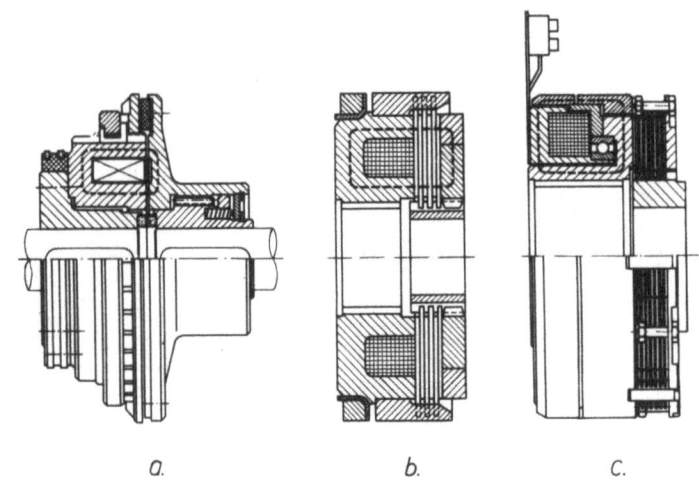

A b b i l d u n g 14
Elektromagnetisch betätigte Reibungskupplungen

3.212 Magnetischer Kreis

Zur Beurteilung des Aufbaues der magnetischen Feldkraft und des daraus resultierenden Drehmomentes der Kupplung ist es notwendig, den magnetischen Kreis der Kupplung zu betrachten.

In Abbildung 15 ist das elektrische Ersatzschaltbild von Elektromagnet-Kupplungen dargestellt.

Die Wicklungskapazität wird durch eine Ersatzkapazität C_w an den Wicklungsenden berücksichtigt. Beim Einschaltvorgang lädt sich dieser Kondensator auf und kann nur dann den Stromverlauf beeinflussen, wenn die Spannungsquelle einen relativ hohen Innenwiderstand besitzt. Beim Abschalten der Spannung begrenzen die Wicklungskapazität sowie die Widerstände R_w, R_h und R_{cu} sowie die Induktivität L_σ die induktive Gegenspannung U_s, die bei einer Spule nach dem Induktionsgesetz

$$U_s = - L \frac{di}{dt}$$

einen sehr großen Wert annehmen kann. Da man jedoch die Gegenspannung durch andere Mittel beherrscht, sollte die als Speicher wirkende Wicklungskapazität stets so klein wie möglich sein. Die durch Messungen an Kupplungsspulen ermittelten Wicklungskapazitäten liegen zwischen 200 und 700 pF gemessen an den Kupplungen (A, C, D, E).

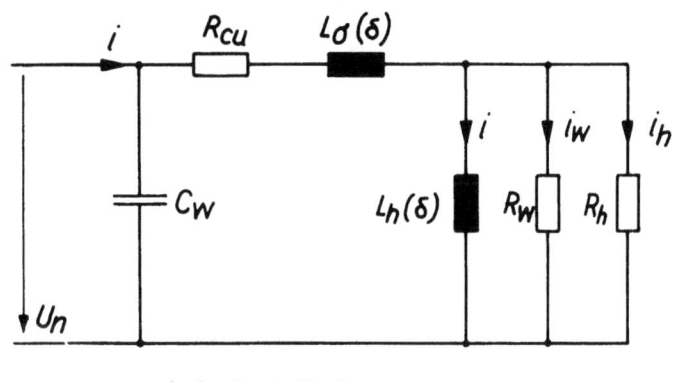

A b b i l d u n g 15
Elektrisches Ersatzschaltbild von Elektromagnet-Kupplungen

Die zur Hauptinduktivität L_h parallel liegenden Widerstände R_h und R_w ergeben eine Vergrößerung der Zeitkonstante des Induktionsflusses. Der Widerstand R_w ersetzt den Anteil der Wirbelströme, die sich aus der zeitlichen Änderung des Induktionsflusses in dem aus Festigkeitsgründen nicht zu lamellierenden massiven Eisenkern der Kupplung ergeben. Durch die Frequenzabhängigkeit und die räumliche Ausbildung der Wirbelströme ist ihr Einfluß auf das Übergangsverhalten rechnerisch schwer erfaßbar. Der Widerstand R_h ersetzt die frequenzproportionalen Hystereseverluste, die während des Schaltvorganges entstehen.

Der quantitative Einfluß der Widerstände R_h und R_w wurde meßtechnisch erfaßt. Der zeitliche Verlauf der Luftspaltinduktion $B_\delta (t)$ wurde mit einem Hallgenerator nach dem Anlegen der Spulennennspannung bei festgelegtem Luftspalt in Arbeitsstellung aufgenommen. Abbildung 16 zeigt die Übergangsfunktion des Stromes (obere Kurve in Abb. 16a und 16b, untere Kurve in Abb. 16c) und der Luftspaltinduktion (untere Kurve in Abb. 16a und 16b sowie die obere Kurve in Abb. 16c).

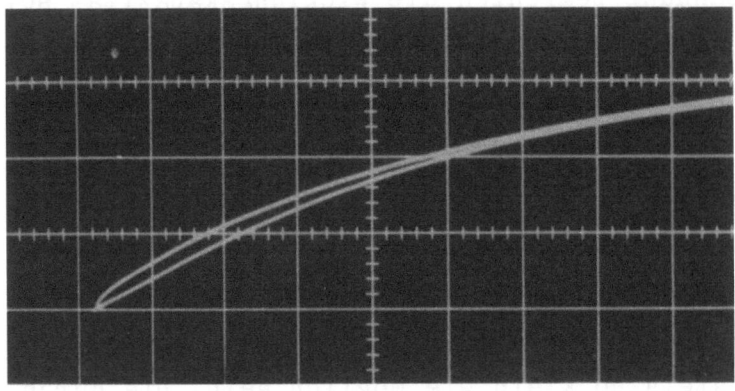

Abbildung 16a

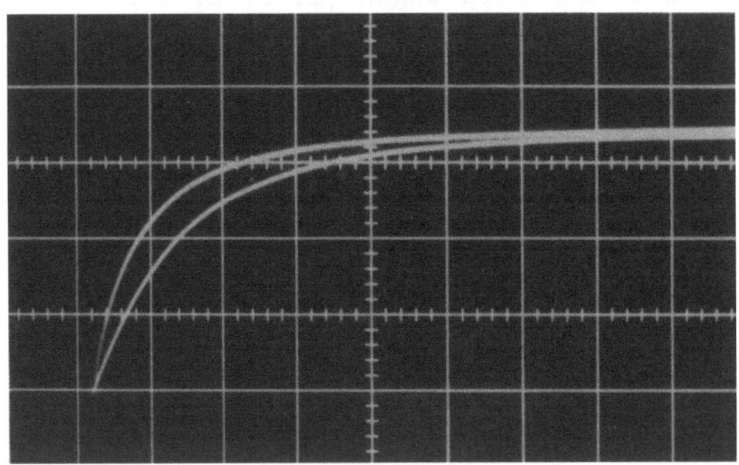

Abbildung 16b

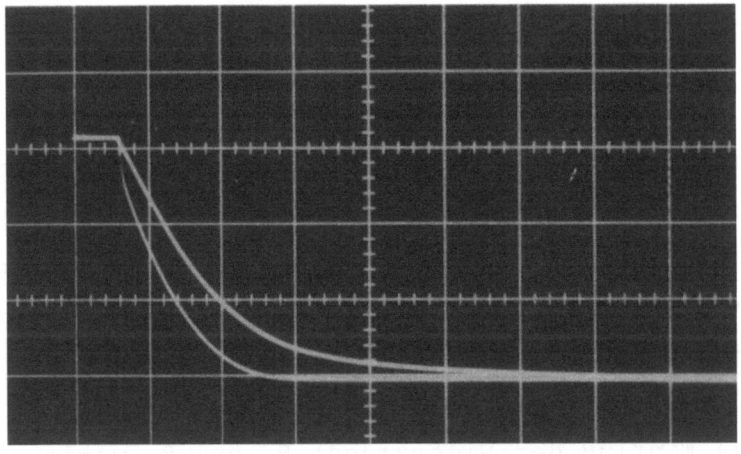

10 ms

Abbildung 16c

Übergangsfunktion des Stromes und der Induktion

In Abbildung 16a wurde die Kupplungsspule normal erregt, während die Verkürzung der Zeitkonstante in Abbildung 16b durch Vorschalten des fünffachen Innenwiderstandes der Kupplungsspule - der sogenannten fünffachen Schnellerregung - erreicht wurde.

Der Verlauf beim Einschalten (Abb. 16a und 16b) wurde an Kupplung A gemessen. Mit zunehmender Schnellerregung wird der Stromanstieg steiler und damit der Einfluß der frequenzabhängigen Eisenverluste größer. Aus der Darstellung der Meßergebnisse des Einschaltvorganges in Abbildung 17 geht hervor, daß bei fünffacher Schnellerregung der Einfluß der Eisenverluste so groß ist, daß die Zeitkonstante der Induktion gegenüber der des Stromes einen etwa 10 % höheren Wert besitzt. Beim Abschalten der Kupplung C (Abb. 16c) mit einem VDR-Parallelwiderstand (Type Valvo E 299 H / P 126) zur Kupplungsspule ist der Strom- und Induktionsverlauf durch den überwiegenden Einfluß der Hysterese zu erklären.

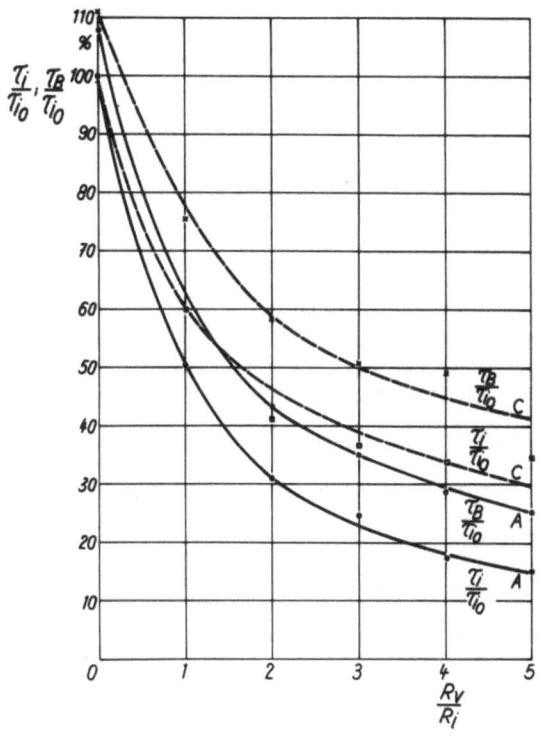

Abbildung 17
Einfluß der Eisenverluste auf die Zeitkonstante

Zu den Messungen sei bemerkt, daß der vorgeschriebene Luftspalt δ_E der Kupplungen wegen der Abmaße des verwandten Hallgenerators nicht genau eingehalten werden konnte, sondern daß er um 25 % größer war. In Wirklichkeit wird der störende Einfluß der Widerstände R_h und R_w größer sein.

Die Streuinduktivität L_σ ist von der konstruktiven Ausbildung des magnetischen Kreises abhängig. Vergleicht man die aus der Messung der Anzugskraft im stationären Zustand sich ergebende Hauptinduktivität mit dem aus der Magnetisierungskurve rechnerisch ermittelten Wert der Gesamtinduktivität, so erhält man etwa die Größe der Streuinduktivität. Sie lag bei einer Anzahl verschiedener Kupplungen (A, C, D, E) bei 15 bis 25 % der Gesamtinduktivität. Die Streuinduktivität vergrößert die Zeitkonstante des Stromanstieges, sie ist deshalb durch geeignete Lenkung des Induktionsflusses so klein wie möglich zu halten.

Die gesamte Induktivität

$$L = L_h + L_\sigma = w_s^2 \Lambda$$

ist einmal von der Spule durch die Windungszahl w_s und andererseits von dem Magnetkreis durch den magnetischen Leitwert Λ abhängig. Besitzt dieser Kreis einen Luftspalt δ, so ergibt sich

$$L = \frac{w_s^2}{\frac{l_E}{\mu F} + \frac{\delta}{\mu_0 F}} \quad . \tag{1}$$

Das Verhältnis der im Nenner dieses Ausdruckes stehenden Widerstände der Eisenstrecke und des Luftspaltes bestimmt den Verlauf der Magnetisierungskurve. Je größer der Einfluß des magnetischen Widerstandes des Luftspaltes wird, desto mehr nähert sich die Magnetisierungskurve einer Geraden. Bei Elektromagnet-Kupplungen sind zwei Luftspaltstellungen möglich; die ausgerückte Stellung mit dem Luftspalt δ_A, und die Stellung δ_E, bei dem die Ankerscheibe angezogen ist. Abbildung 18 zeigt die Abhängigkeit der Induktivität von dem Strom für beide Luftspalte. Der dargestellte Verlauf wurde an der Kupplung C aus der Aufnahme der Magnetisierungskruve mit einem Fluxmeter ermittelt. Die Meßergebnisse an den Kupplungen A, B und D weisen keinen wesentlichen Unterschied zu dem in Abbildung 18 gezeigten Verlauf auf. Der Einfluß des Luftspaltes δ_A ist so groß, daß die Induktivität über dem Strom konstant bleibt. Bei dem kleineren Luftspalt δ_E bewirkt die Änderung der relativen Permeabilität einen Abfall der Induktivität mit zunehmendem Strom. Bei normaler Erregung beginnt die Bewegung der Ankerscheibe bei etwa $0,5\ I_n$. Der Luftspalt verringert sich und die Induktivität nimmt mit fallendem

Strom entlang der stark gestrichelten Kurve zu, um dann beim Erreichen des Arbeitsluftspaltes δ_E mit zunehmendem Strom wieder abzufallen. Betrachtet man den Verlauf bei fünffacher Schnellerregung, so zieht die Ankerscheibe erst bei $0,8\ I_n$ an und nimmt grundsätzlich den gleichen Verlauf. Die Induktivitätsänderung ist in diesem Falle wesentlich geringer.

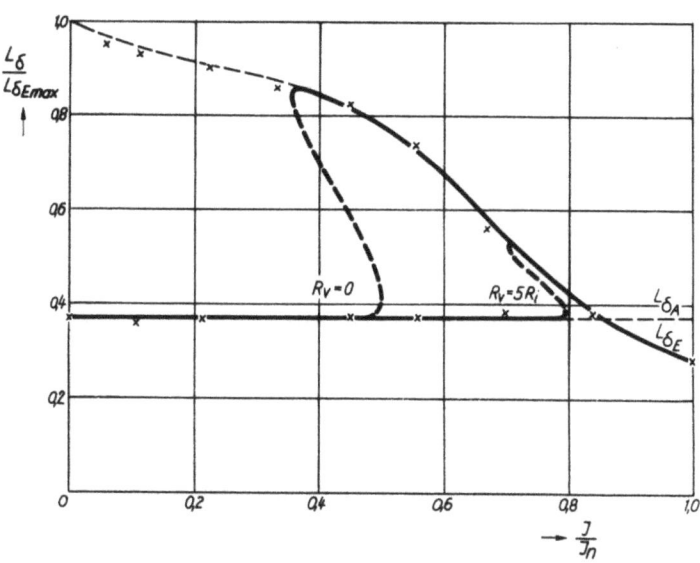

Abbildung 18

Verlauf der Induktivität in Abhängigkeit vom Strom

Bis zum Lösen der Ankerscheibe aus der Ruhelage verläuft der Strom nach einer e-Funktion, während der Stromverlauf nach der Unstetigkeitsstelle nur dann angenähert einem exponentiellen Stromverlauf entspricht, wenn die Kupplung mit einer dreifachen oder höheren Schnellerregung betrieben wird. In diesem Falle kann näherungsweise für die Zeitkonstante des Stromes bei dem Luftspalt δ_E die für den Luftspalt δ_A ermittelte angenommen werden.

Die in dem Luftspalt gespeicherte magnetische Feldenergie erzeugt an der Grenzfläche Luftspalt - Eisenkreis eine Kraftwirkung

$$p = \frac{1}{2} \cdot B_\delta \cdot H_\delta \cdot F$$

unter der Voraussetzung eines homogen verlaufenden Induktionsfeldes.

Nach einer Umformung ergibt sich dann

$$p = \frac{1}{2} \frac{\mu_o \cdot W_s^2 \cdot i^2 \cdot F}{\left(\frac{l_E}{\mu_r} + \delta\right)^2}$$

Die Kupplungskraft ist also dem Quadrat des Stromes proportional und ergibt bei einem exponentiellen Stromverlauf und dem Luftspalt δ_E

$$p = \frac{1}{2} \cdot \frac{\mu_o W_s^2 \cdot F}{\left(\frac{l_E}{\mu_r} + \delta_E\right)^2} \left[I_n\left(1-e^{-\frac{t}{\tau}}\right)\right]^2 = C_1 \left[I_n\left(1-e^{-\frac{t}{\tau}}\right)\right]^2 \quad . \quad (2)$$

Die bis zum Anzug der Ankerscheibe erzeugte Axialkraft wird von den für das Lösen der Kupplung notwendigen Federelementen aufgenommen. Erst nach Überwindung dieser Kraft leitet der Axialdruck den eigentlichen Kupplungsvorgang ein. Es soll deshalb für die weiteren Betrachtungen eine Nullpunkttransformation durchgeführt werden (Abb. 19), wobei der Betrag der zeitlichen Verschiebung auf der Abzisse als Totzeit zu betrachten ist.

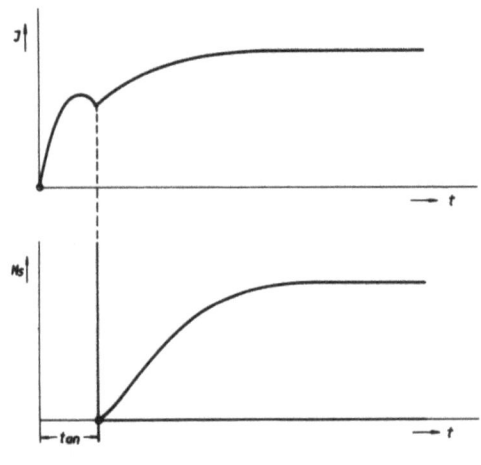

Abbildung 19
Nullpunkttransformation

Der statisch gemessene Kraftverlauf in Abhängigkeit vom Strom ist in Abbildung 20 gezeigt. Die Ergebnisse der Messungen an den beiden Kupplungen (A und C) zeigen, daß sich bei vorgeschriebenem Luftspalt die Kraft der Kupplung C mit dem Strom quadratisch ändert; während dies bei der Kupplung A durch die stärkere Änderung der relativen Permeabilität nur angenähert der Fall ist. Es ist also möglich, die relative Permeabilität und damit den Faktor C_1 in der Gleichung (2) - gegebenenfalls näherungsweise - konstant zu setzen.

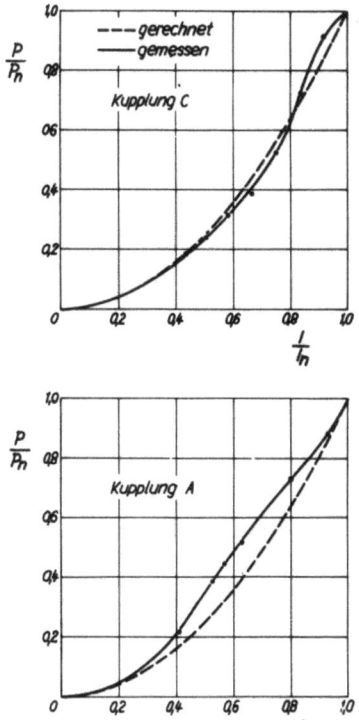

A b b i l d u n g 20

Abhängigkeit der erzeugten Kraft vom Kupplungserregerstrom

Die Zeitkonstante τ der Übergangsfunktion der Kupplungskraft ist abhängig von dem Verhältnis $\frac{L}{R_i}$. Mit dem ohm'schen Spulenwiderstand

$$R_i = \varrho_s \frac{w_s^2 \cdot l_m}{k \cdot F_{sp}}$$

und der Gleichung (1) für die Induktivität L erhält man

$$\tau = \frac{\mu_o \cdot \mu_r \cdot k \cdot F_{sp} \cdot F}{(l_E + \delta_E \cdot \mu_r) \cdot \varrho_s \cdot l_m} \quad . \tag{3}$$

Zur Verringerung der magnetischen Zeitkonstanten ist ein möglichst großer Luftspalt zu wählen. Ist außerdem $l_E \ll \mu_r \cdot \delta_E$, so folgt aus Gleichung (3)

$$\tau \approx \frac{\mu_o \cdot F}{\delta_E} \cdot \frac{k \cdot F_{sp}}{\varrho_s \cdot l_m} \quad .$$

Während der erste Faktor durch einen großen Luftspalt und eine kleine Polfläche einen geringen Wert ergibt, ist der zweite Faktor nicht wirksam zu beeinflussen. Die Kupplungskraft p ist jedoch ebenfalls nach (2) von δ_E und F abhängig, so daß diese Werte, konstant gehaltene

Kupplungskraft vorausgesetzt, nur so weit zu verändern sind, wie dies durch die thermisch zulässige Vergrößerung des Stromes bzw. Sättigung der Polflächen möglich ist.

Eine Verringerung der Zeitkonstanten τ durch Maßnahmen außerhalb der Spule ist durch die Schnellerregung oder durch Anlegen einer kurzzeitigen Überspannung möglich. - In den weiteren Betrachtungen wird die Zeitkonstante τ_1 des Einschaltvorganges eingeführt, die aus dem ersten Anstieg des Stromes ermittelt und um den Betrag vergrößert wird, der dem Einfluß der Eisenverluste entspricht.

Die beim Abschaltvorgang in der Spule frei werdende elektromagnetische Energie

$$W_m = \frac{1}{2} L \cdot i^2$$

läßt sich durch einen der Kupplungsspule parallel geschalteten Widerstand R_p in Wärme umsetzen, um eine verringerte Abschaltspannung zu erhalten. Es ergibt sich dann ein Abschaltstrom

$$i = I_n \cdot e^{-\frac{t}{\tau}} \text{ mit } \tau = \frac{L}{R_i + R_p}$$

Die nach Abschalten des magnetischen Kreises sich einstellende Remanenzinduktion ist ebenfalls für den Abbau der Kupplungskraft maßgebend. Bei Kupplungen mit magnetisch durchfluteten Lamellen wirkt sich der Einfluß der Remanenzinduktion stärker aus als bei den Kupplungen, deren Lamellen magnetisch nicht durchflutet sind, da bei letzteren die Scherung der magnetischen Kennlinie durch den Restluftspalt δ_E größer ist.

Die Remanenzinduktion der für den magnetischen Kreis der Kupplungen A und D verwendeten Werkstoffe (St 50, C 45) liegt bei 8000 Gauss. Bei dem Magnetkreis mit Luftspalt lag das Verhältnis der Remanenzinduktion zur Induktion bei Nennstrom bei der Kupplung A bei 7 %, während das Verhältnis bei der Kupplung D, deren Lamellen magnetisch durchflutet sind, 15 % betrug. Die Höhe der Remanenzinduktion beeinflußt den Verlauf der Induktion beim Abschalten. Somit ergibt sich für die Reibungskupplungen mit nicht durchfluteten Lamellen ein günstigeres Zeitverhalten beim Abschaltvorgang.

Die Zeitkonstante τ_3 des Abschaltvorganges erhält man aus dem zeitlichen Verlauf der Induktion. Hiermit berücksichtigt man den Einfluß der Eisenverluste, der Remanenzinduktion und des Parallelwiderstandes. Sie liegt ebenfalls höher als die aus dem abfallenden Strom ermittelte Zeitkonstante.

3.213 Drehmomente

Im vorhergehenden Abschnitt wurde die Übergangsfunktion der axialen Anpreßkraft der elektromagnetisch betätigten Reibungskupplungen betrachtet, um den Verlauf des von zwei oder mehreren Reibelementen übertragenen Drehmomentes M zu bestimmen.

$$M = z \cdot f \, r_m \cdot p(t) \qquad (5)$$

Um eine möglichst steile Momentenübergangsfunktion zu erhalten, muß die Axialkraft, deren Übergangsfunktion eine von der Größe der Axialkraft abhängende Zeitkonstante besitzt, klein sein, während die übrigen Werte der Gleichung (5) möglichst groß zu wählen sind.

Der mittlere Reibradius r_m ist durch die äußeren Abmessungen der Mitnehmerseite der Kupplung festgelegt. Wie die Abhängigkeit des Momentes M_s von der Anzahl der Reibflächen in Abbildung 21 nach SELIG [7] zeigt, ist die Anzahl der Reibflächen z bei Kupplungen, deren Lamellen magnetisch durchflutet sind, durch den magnetischen Widerstand des Eisenkreises begrenzt. Die Lamellenstärke, Parameter in Abbildung 21, kann aus Festigkeitsgründen einen bestimmten Wert nicht unterschreiten.

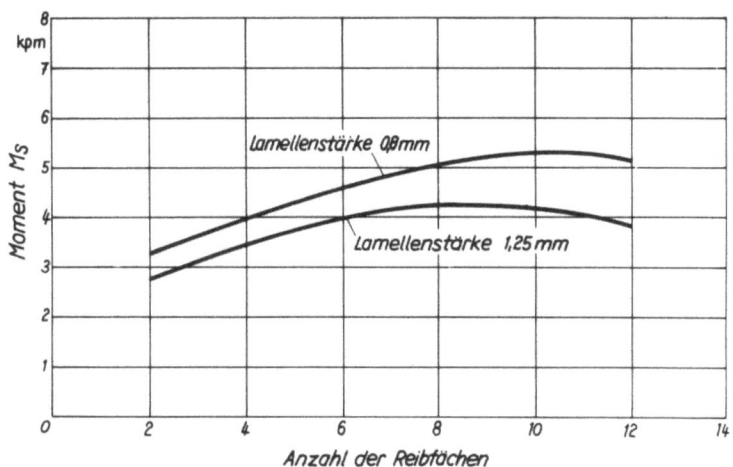

Abbildung 21
Abhängigkeit des schaltbaren Momentes von der Lamellenzahl

Bei magnetisch durchflutetem Lamellenpaket ist die Axialkraft nicht für alle Lamellen gleich. Durch magnetischen Nebenschluß der Reibflächen nimmt der Induktionsfluß von der Erregerspule aus in Richtung der Ankerscheibe über dem Lamellenpaket ab. Nach Messungen von STÖFERLE [8] beträgt der Fluß an der letzten Lamelle nur noch 80 % und somit die Axialkraft 64 % der Werte, die an der Erregerspule vorhanden sind.

Einscheibenkupplungen besitzen nur eine Reibfläche und sind deshalb hinsichtlich ihres zeitlichen Verhaltens momentengleichen Mehrscheiben-Kupplungen durch die höher zu wählende Anpreßkraft und den größeren mittleren Reibradius unterlegen. Ihr Einsatz bei den in dieser Arbeit betrachteten Systemen ist deshalb nicht zweckmäßig.

Einige Schwierigkeit bei der genauen Berechnung von Kupplungen bereitet die Bestimmung des Reibbeiwertes f, da er von einer Anzahl von Größen abhängt.

Der Reibwert von Reibflächen wird bestimmt durch [9]:

a) die Werkstoffpaarung
b) die Gleitgeschwindigkeit
c) die Ausbildung der Oberflächen (nicht der Rauhigkeit)
d) die spezifische Flächenpressung
e) die Temperatur
f) die chemischen und physikalischen Eigenschaften der Schmierstoffe.

Auf bereits vorliegende Untersuchungsergebnisse dieser Abhängigkeiten für die gebräuchlichen Kupplungsreibpaarungen soll hier nur in einer allgemeinen Betrachtung eingegangen werden.

Bei den Reibungskupplungen, deren Lamellenpaket magnetisch durchflutet ist, hat sich die Paarung Stahl gegen Stahl eingeführt, während für die übrigen Reibungskupplungen die Reibpaarungen profilierte Sinterbronze gegen Stahl und Kunststoff gegen Stahl wegen des günstigen Reibwertes und der Lebensdauer Verwendung finden.

Abbildung 22 zeigt den Verlauf des Reibwertes in Abhängigkeit von der Gleitgeschwindigkeit für verschiedene Reibwerkstoffe nach KOLLMANN [10]:

Kurve 1 und 2: Asbest-Preßgewebe gegen Stahl;
Trockenlauf

Kurve 3 und 4: Asbest-Preßgewebe gegen Stahl;
geschmiert mit Öl SAE 20; Temperatur 30° C

Kurve 5: Stahl gegen Stahl, geschmiert mit Öl SAE 10;
Temperatur 25° C.

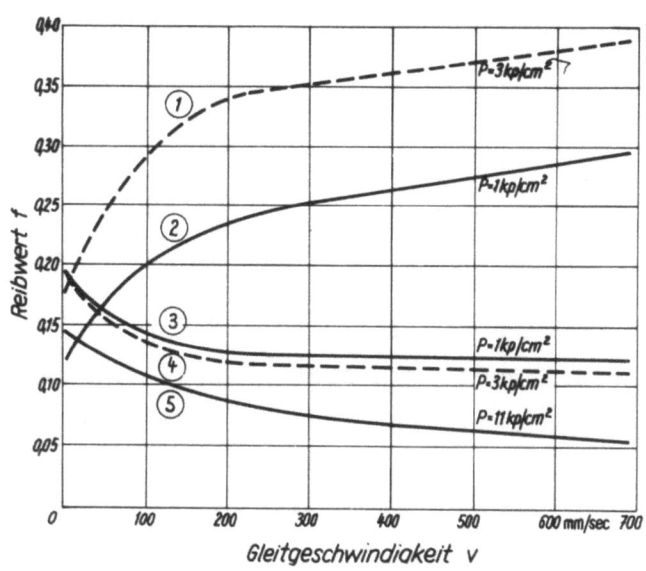

Abbildung 22

Verlauf des Reibwertes in Abhängigkeit von der Gleitgeschwindigkeit für verschiedene Reibpaarungen

Der Parameter ist die spezifische Flächenpressung P der Reibflächen, die bei elektromagnetisch betätigten Kupplungen zwischen 4 und 6 $\frac{kp}{cm^2}$ liegt.

Abbildung 23 zeigt den Verlauf des Reibwertes in Abhängigkeit von der Gleitgeschwindigkeit für die Werkstoffpaarung Sinterbronze mit Nickelzusatz gegen gehärteten Stahl mit glatter Oberfläche. Ändert man die Oberflächenform der Sinterbronzenreibfläche, z.B. durch Aufbringen spiralförmig verlaufender scharfer Nuten, so zeigt sich bei der Paarung mit einer glatten Stahllamelle ein wesentlich höherer Reibwert (Abb. 24), welcher durch die ungünstigere Schmierbedingung zu erklären ist [10, 11]. Der Temperatureinfluß auf den Reibwert ist aus Abbildung 25 zu entnehmen. Bei den Sinterlamellen ist er geringer als bei der Stahlpaarung, da sich in den Poren des gesinterten Materials Öl ansammelt, welches bei höheren Temperaturen eine bessere Schmierung gewährleistet. Der Reibwert nimmt mit zunehmender Temperatur leicht ab, während er bei der Reibpaarung Stahl gegen Stahl zunimmt [8].

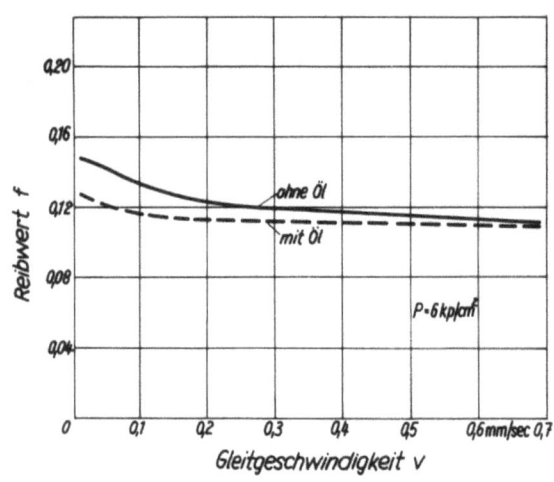

Abbildung 23

Verlauf des Reibwertes in Abhängigkeit von der Gleitgeschwindigkeit für Sinterbronze/Stahl

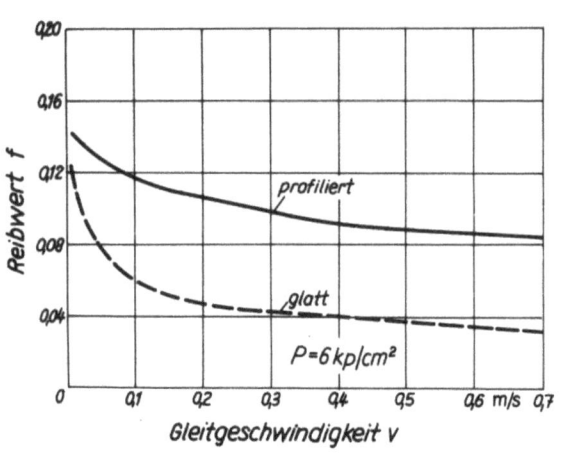

Abbildung 24

Verlauf des Reibwertes in Abhängigkeit von der Gleitgeschwindigkeit bei verschiedenen Oberflächen der Reibflächen

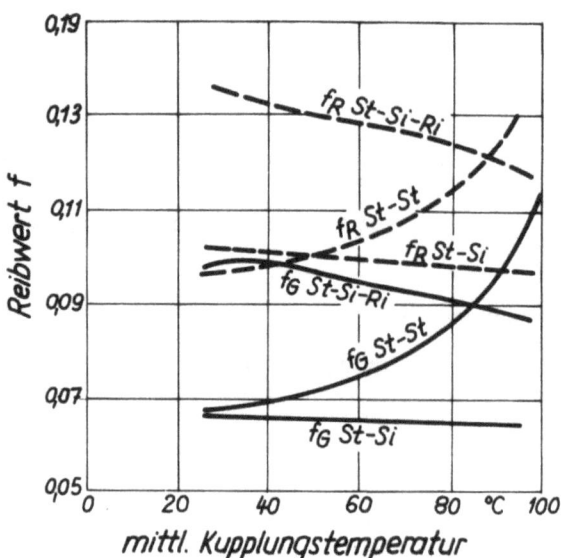

Abbildung 25

Verlauf des Reibwertes in Abhängigkeit von der Temperatur

Faßt man die hier angeführten Meßergebnisse über den Reibwert zusammen, so ergibt sich bei der Forderung eines möglichst hohen Reibwertes die Verwendung der Paarung profilierte Sinterbronze gegen Stahl oder Kunststoff gegen Stahl im Trockenlauf. Die Verwendung dieser Reibpaarung führt zu dem Einsatz von Reibungskupplungen mit nicht durchfluteten Lamellen.

Bei den Reibungskupplungen unterscheidet man entsprechend dem Reibwert zwei verschiedene Momente. Ist zwischen den Reibflächen eine Gleitgeschwindigkeit vorhanden, so stellt sich ein maximaler Gleitreibwert f_G ein. Das mit diesem Gleitreibwert und der Axialkraft erzeugte Moment bezeichnet man als das schaltbare Moment M_s der Kupplung. Als Nennmoment einer Reibungskupplung hat sich das schaltbare Moment bei voll aufgebauter Axialkraft im Bereich etwa konstanter Gleitgeschwindigkeiten eingeführt. Im folgenden wird dieses Nennmoment mit M_{sn} bezeichnet, wobei vorausgesetzt wird, daß der Einlaufvorgang der Lamellen beendet ist [12] und M_{sn} dem listenmäßigen schaltbaren Moment entspricht. Ist die Gleitgeschwindigkeit zwischen den Reibflächen Null, so stellt sich ein maximaler Ruhereibwert f_R ein. Das mit dem Ruhereibwert und der Axialkraft entstehende Moment definiert man als das übertragbare Moment $M_ü$ der Kupplung.

Der für die Übergangsfunktionen des schaltbaren Momentes maßgebende Verlauf des Gleitreibwertes wird bei Beschleunigungsvorgängen von dem Verlauf des Anpreßdruckes und der Gleitgeschwindigkeit bestimmt. Der genaue Verlauf des Gleitreibwertes ist schwer zu erfassen, da er von dem meist recht unterschiedlichen abtriebsseitigen Widerstandsmoment der Kupplung abhängt. Dieses bestimmt das Verhältnis von der aufbauenden Axialkraft zur Abnahme der Gleitgeschwindigkeit.

Bei den in Steuerstrecken und Regelkreisen eingesetzten Reibungskupplungen ist bei Beschleunigungsvorgängen die Übergangszeit so klein, daß die Beschleunigung schon abgeschlossen ist, bevor die Axialkraft ihren Endwert erreicht hat. Setzt man weiterhin voraus, daß auch die Gleitgeschwindigkeit schon vorher auf Null abgenommen hat und vernachlässigt den Übergangsbereich zwischen Gleitreibwert und Ruhereibwert, so kann man den Gleitreibwert näherungsweise als konstant annehmen. Entgegen den in der Literatur [10, 13, 14, 15] zu findenden Angaben, daß das Moment von elektromagnetisch betätigten Reibungskupplungen linear oder nach einfachen e-Funktionen ansteigt, erhält man für den Aufbau des schaltbaren Momentes M_{s_1} für die bei Reibungskupplungen verwendeten Reibpaarungen

$$M_{s_1} \approx Z \cdot f_G \cdot r_m \cdot C_1 \cdot I_n^2 (1-e^{-\frac{t}{\tau_1}})^2$$

$$M_{s_1} \approx M_{s_n} (1-e^{-\frac{t}{\tau_1}})^2 \tag{6a}$$

Für den Verlauf des abfallenden schaltbaren Momentes M_{s_2} entsprechend

$$M_{s_2} \approx M_{s_n} \cdot e^{-\frac{2t}{\tau_3}} \tag{6b}$$

3.214 Meßergebnisse

In den vorigen Abschnitten wurde die Übergangsfunktion des schaltbaren Momentes in Abhängigkeit von einer Anzahl von Einflußgrößen abgeleitet. Es wurden ferner Möglichkeiten gezeigt, die zu einer optimalen Auslegung der Kupplung hinsichtlich ihres Zeitverhaltens führen. An einem Kupplungsprüfstand für Elektromagnetkupplungen wurde der Verlauf des Momentes gemessen, deren Ergebnisse die Betrachtung des vorhergehenden Abschnittes bestätigen sollen.

Der Prüfstand, Abbildung 26, besteht aus zwei Lagerböcken, in denen zwei Wellen reibungsarm gelagert sind; zwischen ihnen befindet sich die zu untersuchende Kupplung. Der Antrieb des Prüfstandes erfolgt von einem in der Drehzahl steuerbaren Gleichstrommotor über Keilriemen auf die Antriebsseite der Kupplung. Das Moment des Antriebsmotors ist groß gegenüber dem Nennmoment der Kupplung, damit bei Schaltvorgängen die Antriebsdrehzahl sich nur unwesentlich ändert; diesem Zweck dient auch die antriebsseitige Schwungmasse. Auf der Abtriebsseite der Kupplung ist zur Momentenmessung eine Torsionswelle eingebaut, deren Verdrehwinkel von zwei induktiven berührungslosen Wegaufnehmern gemessen wird. Diese Wegaufnehmer sind am Umfang einer Hohlwelle befestigt, zu der sich die Torsionswelle relativ verdreht. Die Meßwelle trägt eine Schwungmasse, die bei den Hochlaufvorgängen von der Kupplung zu beschleunigen ist. Von einem Lichtstrahl-Oszillograph, dessen Eigenfrequenz bei 4 kHz lag, wurde der Verlauf des schaltbaren Momentes, des Erregerstromes und der Spannung aufgenommen.

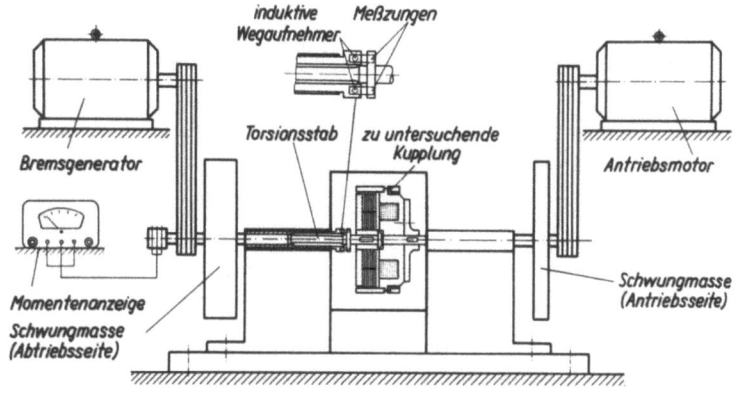

Abbildung 26
Kupplungsprüfstand

Den grundsätzlichen Verlauf der Momente, sowie die Festlegung der Schaltzeiten (nach VDI/VDE Richtlinien-Entwurf 3262) [16] zeigt Abbildung 27. Für einen Ein- und Ausschaltvorgang einer Magnetreibungskupplung beim Beschleunigen einer Schwungmasse ist der Verlauf des Momentes und des Stromes dargestellt. Legt man zum Zeitpunkt t_o die Spulennennspannung an die Erregerspule, so hat nach Ablauf der Ansprechzeit t_{an} die Ankerscheibe ihre Bewegung beendet und das schaltbare Moment M_s beginnt sich vom Leerlaufmoment M_l aus aufzubauen. Nach der Anstiegszeit t_{ast} ist das Nennmoment der Kupplung erreicht. Das Moment bleibt dann, entsprechend dem Reibwert nahezu konstant und geht bei der Relativdrehzahl Null zwischen An- und Abtriebsseite in das übertragbare Moment $M_ü$ über. Es ist zu bemerken, daß das in Abbildung 27 gestrichelt eingezeichnete Moment das maximale Moment ist, das der Kupplung beim Schlupf Null abverlangt werden kann, jedoch keineswegs der Kupplung effektiv abverlangt wird. Das von der Kupplung bei einem Beschleunigungsvorgang und dem Angreifen eines konstanten Lastmomentes M_{Last} übertragene Moment ist in Abbildung 27 ausgezogen eingezeichnet. Beim Drehzahlsynchronismus fällt das Moment schlagartig auf das Lastmoment zurück, da der Beschleunigungsvorgang beendet ist.

Schaltet man zu dem im Bild dargestellten Zeitpunkt die Erregerspannung ab, so baut sich die negative Abschaltspannung auf, die zur Folge hat, daß das Moment erst allmählich abfällt. Nach der Abfallzeit t_{ab} ist das Moment auf 10 % des schaltbaren Momentes M_s abgefallen.

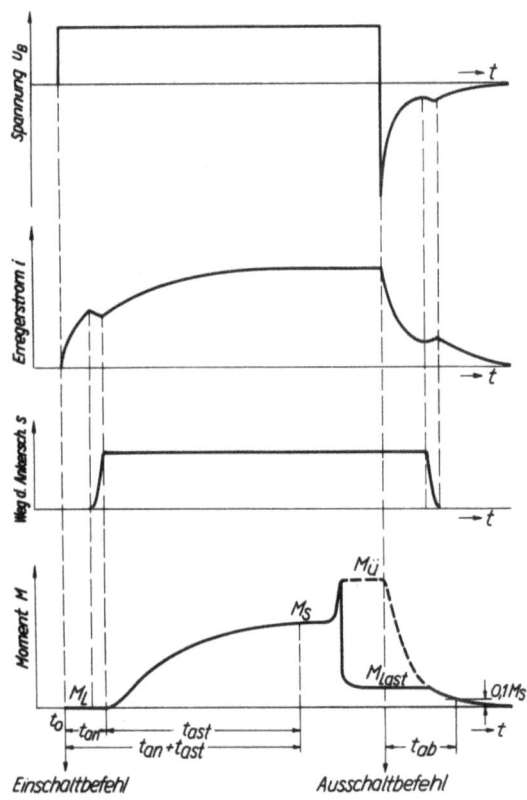

Abbildung 27
Schaltvorgänge bei elektromagnetisch betätigten
Reibungskupplungen

Zuerst soll nun der meßtechnisch erfaßte Verlauf des schaltbaren Momentes und des Stromes über der Zeit für verschiedene Reibpaarungen betrachtet werden (Abb. 28). Die gestrichelt eingetragene Kurve stellt den rechnerisch nach Gleichung (6) ermittelten Verlauf der Momentübergangsfunktion dar.

Den Einfluß der Schnellerregung zeigt Abbildung 29. Dargestellt ist der Momenten- und Stromaufbau der trocken laufenden Kupplung A_1 über der Zeit. Mit zunehmendem Vorwiderstand nimmt die Ansprechzeit t_{an} und die Momentenanstiegszeit t_{ast} durch die Verringerung der elektromagnetischen Zeitkonstante ab. Es steigt ebenfalls die Höhe des ersten Wendepunktes des Stromes, da die Anzugszeit der Ankerscheibe, die von mechanischen Größen, wie Trägheitsmoment, Reibung und der Gegenkraft der Spreizfedern abhängen, nur wenig abnimmt, der Stromanstieg jedoch wesentlich schneller geworden ist. Die Messungen über den Einfluß der Schnellerregung wurden an einer Anzahl von Kupplungen durchgeführt; die Ergebnisse sind in Abbildung 30 zusammengefaßt. Es ist das Verhältnis der Ansprech-

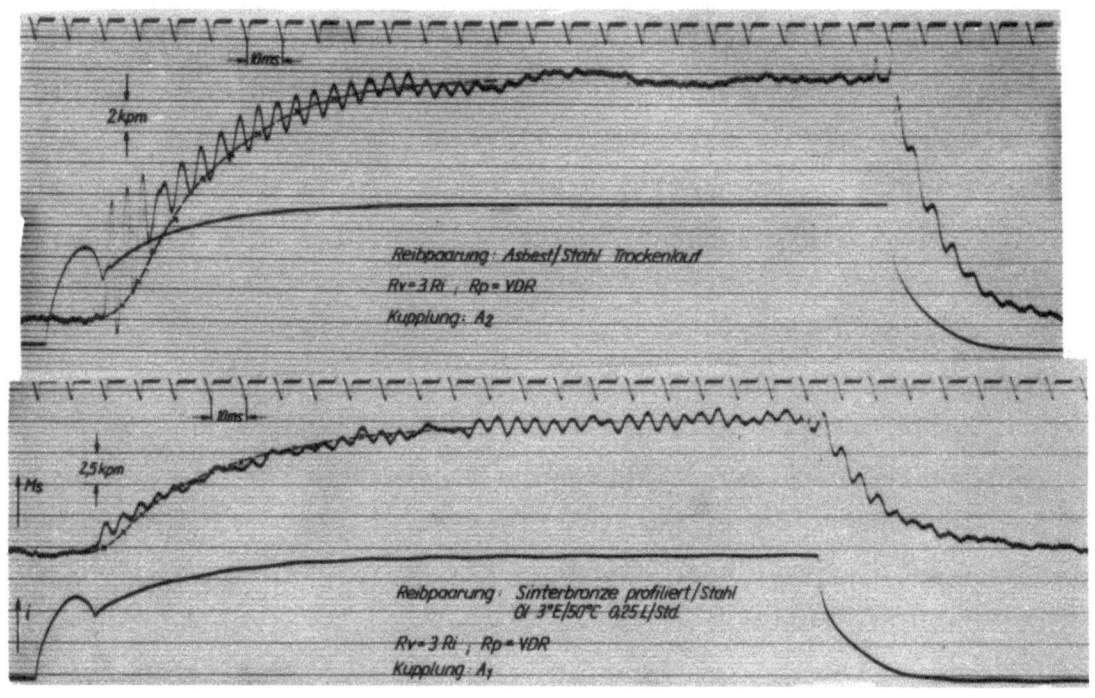

Abbildung 28

Momentenauf- und -abbau von Reibungskupplungen

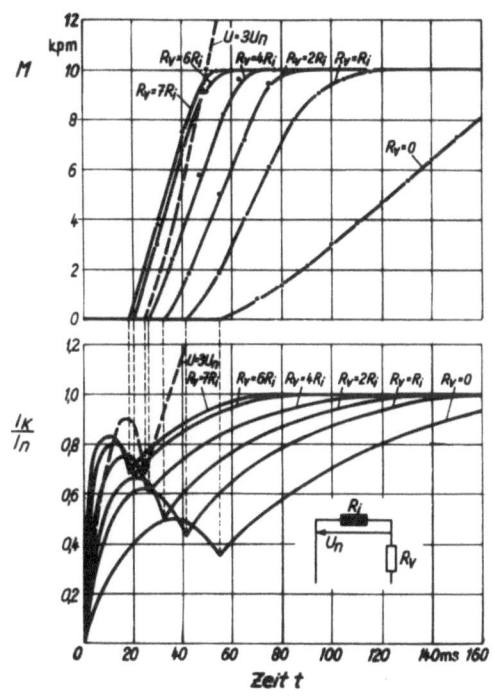

Abbildung 29

Einfluß der Schnellerregung auf den Strom- und Momentenaufbau

zeit ohne Schnellerregung (t_{an_0}) zu der mit Schnellerregung über dem Verhältnis Vorwiderstand R_v - Spuleninnenwiderstand R_i aufgetragen. Entsprechend ist die Darstellung für die Anstiegszeit t_{ast}. Diese Zeiten nehmen mit zunehmendem Vorwiderstand ab und nähern sich asymptotisch einem Wert, der sich aus der mechanischen Zeitkonstante und dem Anteil der Eisenverluste zusammensetzt. Die mechanische Zeitkonstante ist gegeben durch die Reibung und das Trägheitsmoment der beim Anzug der Kupplung bewegten Teile. Bis auf Kupplung F wurden alle Messungen im Trockenlauf, d.h. ohne Zuführung eines Schmiermittels [17], durchgeführt. Die Schmierung bei Kupplung F erfolgte mit einem Mobil-Öl DTE 4,9 °E/50 °C, die Ölmenge betrug 0,25 l/min. Für die Kupplungen ergibt sich auch bei verschiedenen Betriebsbedingungen - Trockenlauf, Öllauf und magnetisch Durchflutete nicht nicht Durchflutete - in der bezogenen Darstellung gleiches Verhalten, wenn sie auch eine unterschiedliche mechanische Zeitkonstante besitzen.

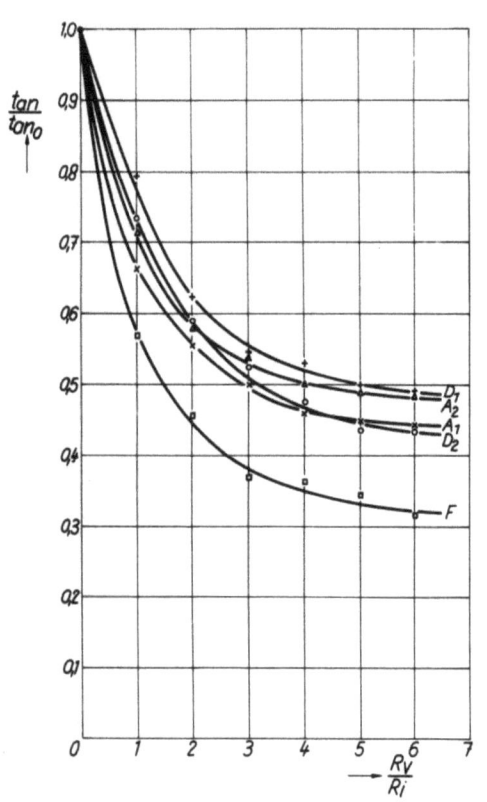
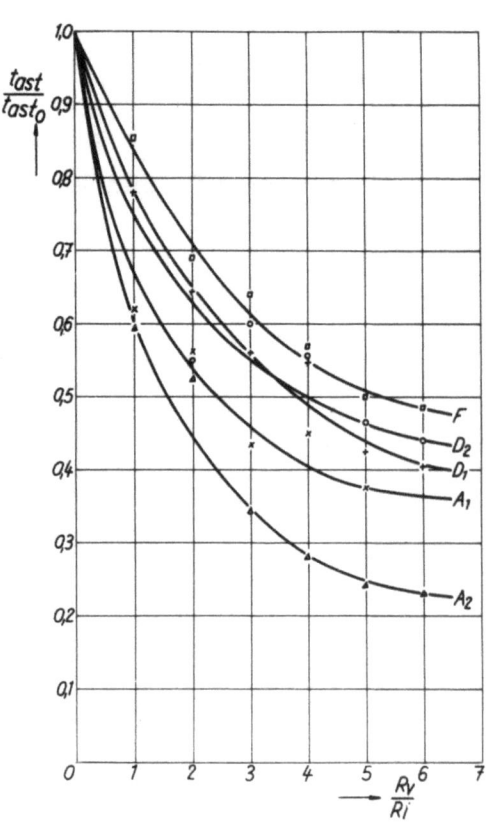

A b b i l d u n g 30

Abnahme der Einschaltzeit bei Schnellerregung

Diese Messungen zeigen, daß eine höhere als fünffache Schnellerregung keine wesentlichen Vorteile bringt. Bei der Schnellerregung liegt nur in Abhängigkeit vom Stromanstieg eine höhere Spannung als die Nennspannung an der Kupplungsspule. Legt man eine konstante Überspannung als Stoßerregung kurzzeitig an die Erregerspule, so erhält man auch

eine Verkürzung der Zeiten, die aus Abbildung 31, den Meßergebnissen an
der Kupplung A, zu entnehmen ist. Es sind die Zeiten für den Strom- und
Momentenaufbau in Abhängigkeit von den auf die Nennspannung bezogenen
Überspannungen aufgetragen. Diese Meßergebnisse sind von der Auslegung
des jeweiligen magnetischen Kreises der Kupplung abhängig und deshalb
nicht zu verallgemeinern. Bei dieser Kupplung lag der stationäre Arbeitspunkt, d.h. die Induktion bei Nennstrom auf der Hystereseschleife relativ niedrig, wodurch die starke Abnahme der Zeiten zu erklären ist.

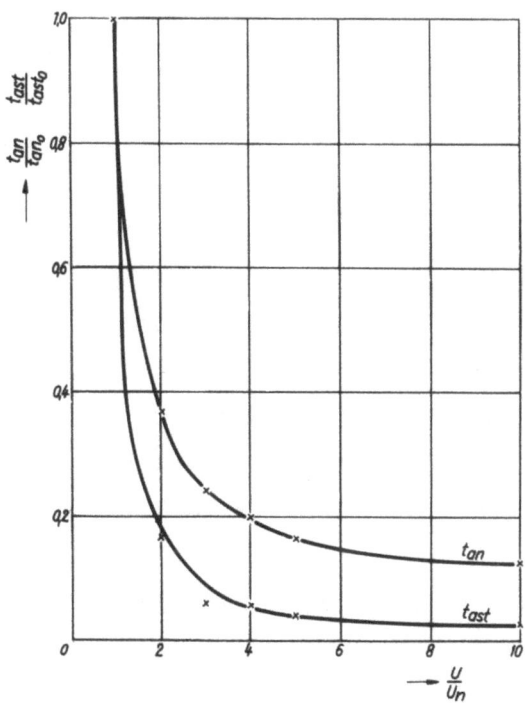

Abbildung 31
Einfluß der kurzzeitigen Überspannung auf den Strom-
und Momentenaufbau

Schaltet man die Kupplung in dem Zeitpunkt Null ab (Abb. 32), so ergibt
sich der dargestellte Spannungs-, Strom- und Momentenverlauf, der ebenfalls an der Kupplung A_1 im Trockenlauf ermittelt wurde. Im Abschaltzeitpunkt baut sich aus den bereits angeführten Gründen eine negative
Selbstinduktionsspannung U_s auf. Mit einem sehr schnellen Vakuumrelais
als Schalter, an dessen Kontakten keine Funkenüberschläge auftraten,
betrug die Abschaltspannung 3500 Volt, bei anderen Kupplungen sogar bis
zu 6000 Volt. Die Messungen wurden mit einem Kathodenstrahloszillografen,

der eine Grenzfrequenz von 30 MHz hatte, durchgeführt. Schaltet man der Spule einen Widerstand R_p parallel, so ergibt sich mit der Erhöhung des Widerstandes eine erhöhte Spannung, jedoch durch die gleichzeitige Verringerung der Zeitkonstante ein schnellerer Strom- und Momentenabfall. Den Spannungs-Stromverlauf der spannungsabhängigen Widerstände, VDR-Widerstände oder Varistoren, beschreibt die Gleichung

$$U = A \cdot I^\lambda$$

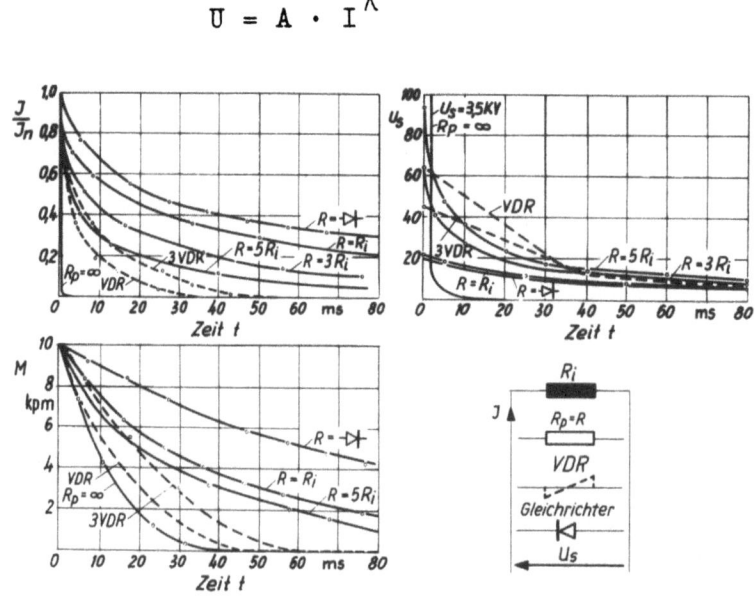

A b b i l d u n g 32
Einfluß von Parallelwiderständen auf den Strom- und
Momentenabfall und die Abschaltspannung

Bei der Wahl eines großen Exponenten λ und einer Werkstoffkonstante A, die der gewünschten Höhe der Abschaltspannung etwa entspricht, erhält man einen schnellen Strom- und Momentenabfall bei relativ geringen Abschaltspannungen. Die angeführten Meßergebnisse der Schaltzeiten sind Mittelwerte, die sich aus einer Reihe von Messungen ergaben. Die Streuung dieser Mittelwerte ist von verschiedenen Einflußgrößen abhängig. Eine statistische Auswertung der Streuung der Kupplungsschaltzeiten hat ergeben, daß mit abnehmenden Schaltzeiten meistens auch die Streuungsbreite vermindert wird [20].

Nach diesen Betrachtungen der Kupplungszeiten an einzelnen, konstruktiv verschieden ausgeführten Kupplungen, deren Nennmoment meistens 10 kpm betrug, erhebt sich für eine allgemeinere Aussage die Frage, welchem Wachstumsgesetz die Kupplungszeiten einer Baureihe unterliegen und wie sich die konstruktiv verschieden ausgebildeten Baureihen untereinander unterscheiden.

Trägt man sämtliche Meßergebnisse der einzelnen Kupplungszeiten, die zum Teil durch Angaben einzelner Kupplungshersteller vervollständigt wurden, in doppelt logarithmischen Maßstab über dem Nennmoment M_{sn} der Kupplung auf (Abb. 33 bis 35), so ergeben sich für alle Baureihen Geraden, deren Steigungsmaß für eine Kupplungszeit für alle Baureihen gleich ist, während die Steigung für die verschiedenen Zeiten unterschiedlich ist.

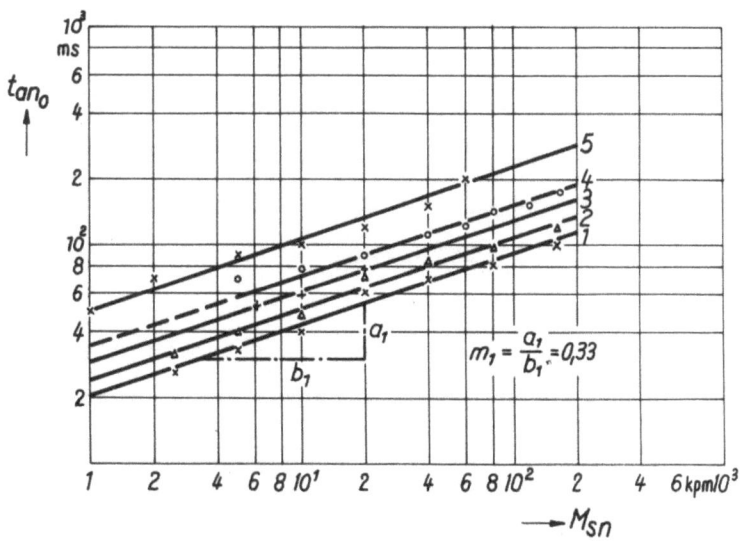

Abbildung 33

Ansprechzeit in Abhängigkeit vom Kupplungsmoment

Abbildung 33 zeigt die Abhängigkeit der Ansprechzeit t_{an_0} von dem Kupplungs-Nennmoment für fünf verschiedene Baureihen von elektromagnetisch betätigten Lamellen-Kupplungen:

Bau-reihe	magnetische Durchflutung der Reibflächen	Reibpaarung	Anzahl der Schleifringe	Schmierart
1	nein	Stahl/Kunststoff	zwei	Trockenlauf
2	nein	Sinterbronze/Stahl	zwei	Tropfschmierung 4 °E/50 °C
3	nein	Sinterbronze/Stahl	einen	Trockenlauf
4	nein	Sinterbronze/Stahl	schleifringlos	Tropfschmierung 4 °E/50 °C
5	ja	Stahl/Stahl	einen	Tropfschmierung 4 °E/50 °C

Seite 49

Die in Abbildung 33 dargestellten Geraden besitzen alle das Steigungsmaß $m_1 = 0,33$. Der Schnittpunkt mit der Ordinate, c_1 genannt, ist für jede Baureihe unterschiedlich, er wird bestimmt durch den konstruktiven Aufbau, die Auslegung des Magnetkreises, die Reibpaarung, die Federkraft der Spreizfedern und die Schmierbedingungen der Baureihe sowie durch die Art der Erregung. Für die unter Öl laufenden Kupplungen ist der Wert c_1 meistens größer als für trockenlaufende, da beim Anziehen der Ankerscheibe und damit dem Zusammenpressen der Lamellen das Öl aus den Zwischenräumen herausgedrückt werden muß. Aus Abbildung 33 ist zu entnehmen, daß die für Trockenlauf ausgelegte Baureihe 1 die geringsten Ansprechzeiten aufweist. Die ebenfalls trockenlaufenden Kupplungen der Reihe 3 besaßen ungünstig ausgelegte Spreizfedern und eine relativ hohe elektrische und mechanische Zeitkonstante.

Der in diesen wie auch in den folgenden Bildern eingezeichnete gestrichelte Verlauf bei kleinen Nennmomenten soll ein Abweichen der Meßwerte von dem allgemeinen Verlauf andeuten. Die Abmessungen der Kupplungen sind annähernd proportional zu den meisten nach einer dualgeometrischen Reihe oder nach den Normreihen DIN 323: Ra; R 10 gestuften Nennmomenten. Bei kleinen Baugrößen kann jedoch aus fertigungstechnischen Gründen diese Abhängigkeit teilweise nicht mehr eingehalten werden, welches zu der genannten Abweichung der Zeiten führt.

Für die Ansprechzeit ergibt sich aus Abbildung 34 die allgemeine Beziehung

$$t_{an} = c_1 \sqrt[3]{M_{sn}} \qquad (7)$$

Die Zeitkonstante des Stromes besitzt die gleiche Abhängigkeit

$$\tau = c_2 \sqrt[3]{M_{sn}} \qquad (8)$$

Die Konstante c_2 wird durch die Auslegung des magnetischen Kreises und die Art der Ein- und Ausschaltbedingungen für die Spule bestimmt.

Bei gleicher Darstellungsart erhält man für die Anstiegszeit t_{ast} nach Abbildung 34 mit dem Steigungsmaß $m_2 = 0,5$ die allgemeine Gleichung

$$t_{ast} = c_3 \sqrt[2]{M_{sn}} \qquad (9)$$

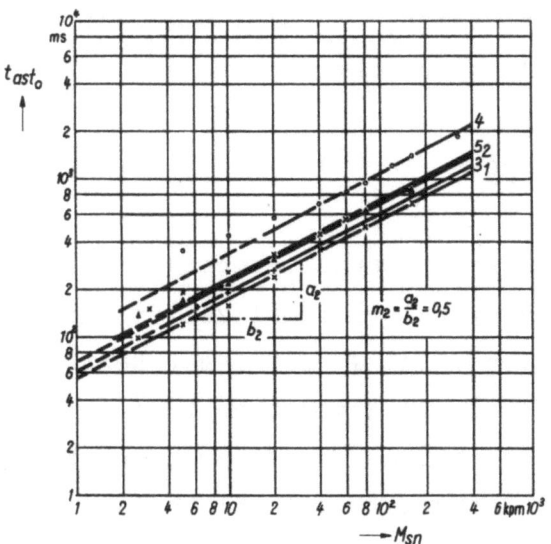

Abbildung 34
Anstiegszeit in Abhängigkeit vom Kupplungsmoment

Es zeigt sich auch bei der Anstiegszeit, daß die Baureihen 1 und 3 der trocken laufenden Kupplungen einen geringeren Wert c_3 besitzen als die naß laufenden.

Für die Abfallzeit t_{ab} (Abb. 35) erhält man schließlich den allgemeinen Ausdruck

$$t_{ab} = c_4 \sqrt[4]{M_{sn}} \qquad (10)$$

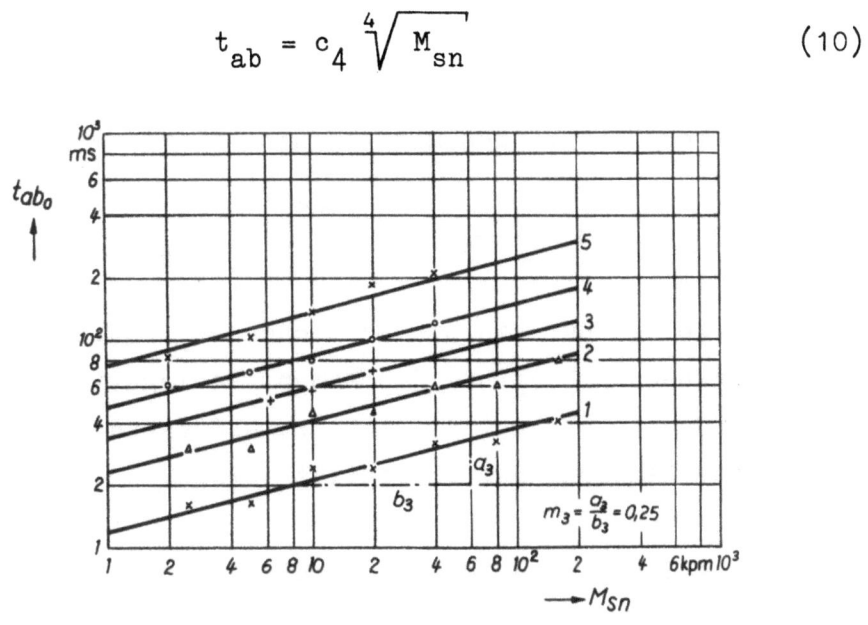

Abbildung 35
Abfallzeit in Abhängigkeit vom Kupplungsmoment

Seite 51

Für geringe Abfallzeiten erweist sich auch hier der Trockenlauf günstig. Die Zeiten der Baureihe 5 mit den magnetisch durchfluteten Lamellen liegt bei relativ hohen Werten, was wohl u.a. auf den verstärkten Einfluß der Remanenzinduktion zurückzuführen ist.

3.215 Dynamische Vorgänge

In den letzten Abschnitten wurden allgemeingültige Beziehungen über den Momentenverlauf und die einzelnen Schaltzeiten von Elektromagnet-Reibungskupplungen abgeleitet. Auf Grund dieser Beziehungen sollen nun die Beschleunigungs- und Verzögerungsvorgänge betrachtet werden. Bei den Folgesystemen handelt es sich um Wegsteuerungen, bei denen die maximal auftretenden Last- und Reibungsmomente klein gegenüber den Beschleunigungsmomenten sind. Durch die unstetige Arbeitsweise der Kupplungen läßt sich das dynamische Verhalten der von ihnen eingeleiteten Vorgänge nicht exakt mathematisch beschreiben. Die hier durchgeführte Näherungsrechnung liefert einmal für die Stabilitätsbetrachtung des Systems und zum anderen für die Dimensionierung der Kupplung eine einfache, allgemeingültige und hinreichend genaue Beziehung.

Mit Hilfe des Drallsatzes erhält man unter Berücksichtigung von Gleichung (6a) und bei Vernachlässigung des Gegenmomentes die allgemeine Gleichung für das Übergangsverhalten der Drehzahl.

$$n = \frac{30}{\Theta \cdot \pi} \cdot M_{sn} \int \left(1 - e^{-\frac{t}{\tau_1}}\right)^2 dt \qquad n < n_E$$

und nach ausgeführter Integration mit den Randbedingungen $t = 0 \quad n = 0$

$$n = \frac{30}{\Theta \cdot \pi} \cdot M_{sn} \left[t + \frac{\tau_1}{2} - \frac{\tau_1}{2} \left(2 - e^{-\frac{t}{\tau_1}}\right)^2 \right] \quad n < n_E \qquad (11)$$

Diese Gleichungen gelten nur bis zum Erreichen der Enddrehzahl, da dann die Beschleunigung beendet ist und das Moment schlagartig Null wird (Abb. 28). Diese von Gleichung (11) nicht zu erfassende Unstetigkeit kann nur durch eine Näherung berücksichtigt werden.

In Abbildung 36 ist der Verlauf der Drehzahl nach Gleichung (11) als Kurve 1 für

$$\Theta = 6 \cdot 10^{-3} \text{ kpms}^2$$
$$M_{sn} = 10 \text{ kpm}$$
$$n_E = 120 \text{ min}^{-1}$$
$$\tau_1 = 15 \cdot 10^{-3} \text{s}$$

dargestellt. Die Asymptote an diese Kurve (Kurve 2 in Abb. 37) besitzt die Steigung

$$m = \frac{30 \cdot M_{sn}}{\Theta \cdot \pi}$$

Der Schnittpunkt dieser Asymptote mit der Abzisse liegt bei $t = 1,5 \, \tau_1$.

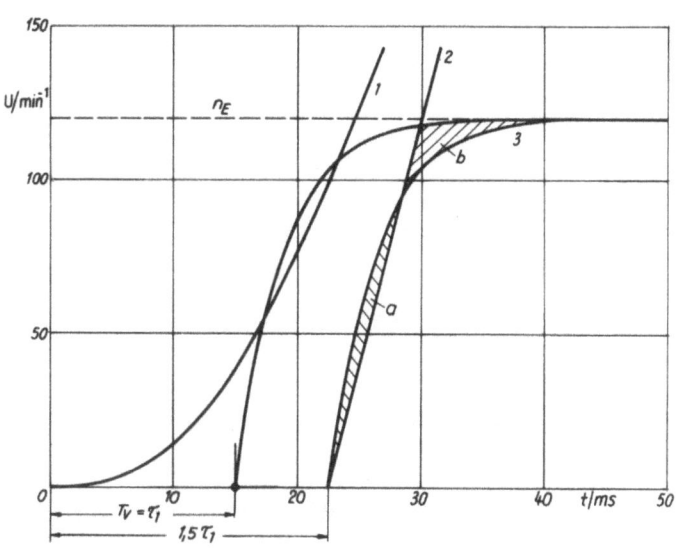

A b b i l d u n g   36

Näherung des Drehzahlverlaufes durch eine Exponentialfunktion

Wählt man nun eine Exponentialfunktion der Art, daß die Flächen a und b bei relativ kleinen Einzelflächen etwa flächengleich sind (Kurve 3 in Abb. 36), so erhält man

$$n \approx n_E \left(1 - e^{-\frac{t}{\tau_2}}\right) \quad \text{mit} \quad \tau_2 = \frac{\Theta \pi n_E}{60 \cdot M_{sn}} \qquad (12)$$

Die Enddrehzahl erreicht die Kurve 1 bereits innerhalb $2 \, \tau_1$, so daß für die Näherung eine Koordinatentransformation um den Abzissenwert $t = \tau_1$ zweckmäßig ist. Der Abzissenwert wird als Verzugszeit T_v und damit als Ersatztotzeit berücksichtigt.

Der Beschleunigungsvorgang läßt sich also durch die allgemeingültige Gleichung (12) zusammen mit der Ersatztotzeit $T_v = \tau_1$ angenähert beschreiben vorausgesetzt, daß die Kupplung ein den Beschleunigungswerten angepaßtes Nennmoment besitzt.

Abbildung 37 zeigt den gemessenen Drehzahlverlauf eines Beschleunigungsvorganges für eine optimal ausgelegte Kupplung. Die gestrichelt eingezeichnete Kurve stellt den rechnerisch nach Gleichung (12) ermittelten Verlauf dar.

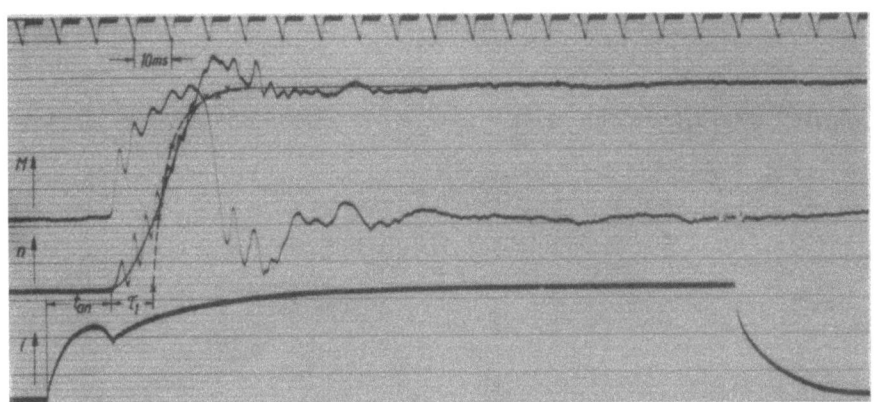

A b b i l d u n g 37
gemessener Drehzahlverlauf

Aus Gleichung (11) geht hervor, daß bei Θ = konstant der Zeitpunkt, an dem die Enddrehzahl erreicht wird, von der Größe des Momentes abhängt. Die für die Beschleunigung auf die Enddrehzahl notwendige Zeit ist umso kürzer, je größer das Nennmoment ist. Da jedoch mit steigendem Moment die Ansprechzeit t_{an} (nach Gleichung (7)) zunimmt, ergibt sich für den Beschleunigungsvorgang ein zeitliches Minimum, welches einmal von dem Trägheitsmoment und der Enddrehzahl und andererseits von der Kupplungsbaugröße, dem Nennmoment der Kupplung, abhängt.

Die Gesamtzeit bis zum Erreichen der Enddrehzahl n_E beträgt:

$$t_g \approx t_{an} + T_v + 3\tau_2 = C_1 \sqrt[3]{M_{sn}} + C_2 \sqrt[3]{M_{sn}} + 3 \frac{\Theta \pi n_E}{60 M_{sn}} \quad .$$

Für die Zeit des Überganges von der Drehzahl Null auf die Enddrehzahl wurde die dreifache Zeitkonstante der Gleichung (12) angenommen, weil dies etwa der Zeit für den Übergang entspricht. Wegen der relativ geringen Schaltfrequenz bei elektro-mechanischen Folgesystemen wird die Enddrehzahl meistens erreicht.

Die Gesamtzeit für den Beschleunigungsvorgang ist in Abbildung 38 für verschiedene Trägheitsmomente und Drehzahlen über der Kupplungsbaugröße am Beispiel der Kupplung C bei fünffacher Schnellerregung aufgetragen. Aus der Darstellung geht hervor, daß es für jeden Beschleunigungsvorgang eine zeitlich optimale Kupplungsbaugröße gibt. Die Minimumbedingung für die Gesamtzeit eines Beschleunigungsvorganges liefert den Ausdruck für das notwendige schaltbare Moment

$$M_s \approx \sqrt[4]{\left(\frac{3\Theta n_E \pi}{60 \cdot 0{,}33(c_1+c_2)}\right)^3} \qquad (13)$$

eine Beziehung, nach der die Kupplungen bei reinen Beschleunigungsvorgängen ausgelegt werden sollten.

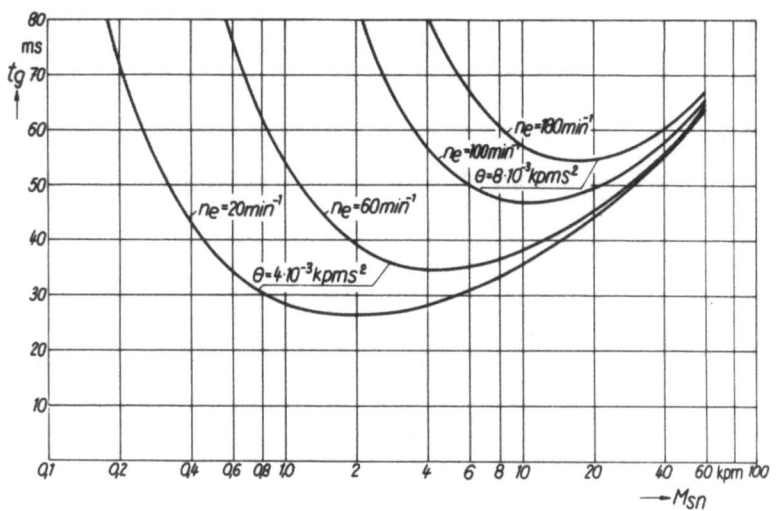

Abbildung 38
Gesamtzeit des Drehzahl-Beschleunigungsvorganges in Abhängigkeit vom Moment

Berücksichtigt man ein beschleunigungsunabhängiges konstantes Lastmoment, z.B. ein Moment, welches durch die in die Vorschubrichtung fallende Schnittkraft entsteht, so ergibt dieses eine zusätzliche Totzeit. Die Größe dieser Totzeit ist von dem Betrag des Kupplungs-Gegenmomentes und der Steilheit der Momentenübergangsfunktion abhängig, da der Beschleunigungsvorgang erst dann beginnt, wenn das sich aufbauende Kupplungsmoment M_{s1} die Größe des Gegenmomentes erreicht hat. Das meistens relativ geringe maximal auftretende Gegenmoment an der Kupplung kann zur Bestimmung der Kupplungsbaugröße zu dem aus Gleichung (13) ermittelten Moment addiert werden.

Für eine zeitliche Optimierung des Beschleunigungsvorganges ist nicht nur die richtige Wahl des Kupplungsmomentes wesentlich, sondern auch die Frage, an welcher Stelle eines Getriebes das Stellglied einzusetzen ist. Ist über ein Getriebe eine Schwungmasse Θ_F zu beschleunigen, so kann dies durch eine Kupplung erfolgen, die entweder auf der Abtriebswelle oder auf einer durch eine Über- oder Untersetzung getrennten Welle sitzt. Das Getriebe soll eine konstante Leistung übertragen, da die Bedingungen für die Abtriebsseite konstant bleiben sollen. Die folgende Betrachtung bezieht sich also nur auf die Verschiebung der Momente innerhalb des Getriebes.

Ist das Kupplungsmoment M_{snI} (Abb. 39) nach Gleichung (13) bemessen und die Abtriebsdrehzahl n_1 konstant, so wird sich mit zunehmendem Übersetzungsverhältnis ü die Gesamtzeit für den Beschleunigungsvorgang verringern. Die Kupplung auf der schneller laufenden Welle hat zwar zusätzlich die Schwungmasse der Zahnräder zu beschleunigen, besitzt jedoch ein kleineres Moment M_{snII} und damit eine geringere Ansprechzeit und Ersatztotzeit.

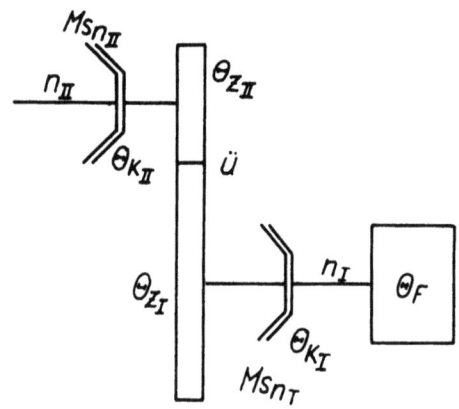

Abbildung 39
Getriebeschema

$$M_{s_{nII}} = \frac{M_{snI}}{ü} \; ; \; n_{II} = n_I \cdot ü \; ; \; \Theta_{F_{II}} = \frac{\Theta_F}{ü^2}$$

$$\Theta_{g_{II}} = \Theta_k + \Theta_{z_{II}} = \frac{\Theta_{zI}}{ü^2} + \frac{\Theta_F}{ü^2}$$

$$tg \approx (c_1 + c_2) \sqrt[3]{M_{s_{nII}}} + \frac{3\Theta_{gII} \cdot n_{II} \cdot \pi}{60 \, M_{s_{nII}}}$$

Für Gleichung (13) erhält man unter Berücksichtigung des Drehzahlverhältnisses ü:

$$M_s \approx \sqrt[4]{\left(\frac{3\Theta_g \cdot n_E \cdot \pi}{\ddot{u} \cdot 60 \cdot 0{,}33 \cdot (c_1 + c_2)}\right)^3} \qquad (13a)$$

Der Verlauf der Gesamtzeit t_g für den Beschleunigungsvorgang in Abhängigkeit des Drehzahlverhältnisses ü ist in Abbildung 40 dargestellt. Die Trägheitsmomente der Zahnräder wurden unter der Annahme von Modul 2 und einem Achsabstand von 0,7 des Kupplungsdurchmessers berechnet. Das Moment $M_{sn_{II}}$ ergab sich aus dem Übergangsverhältnis; eine Bestimmung nach Gleichung (13a) würde noch eine weitere geringfügige Zeitverkürzung für ü > 1 bringen. Sitzt das Stellglied nicht auf der Abtriebsspindel, so nimmt die Gesamtzeit t_g mit zunehmender Drehzahlübersetzung von der Abtriebsspindel auf eine schneller laufende Welle ab.

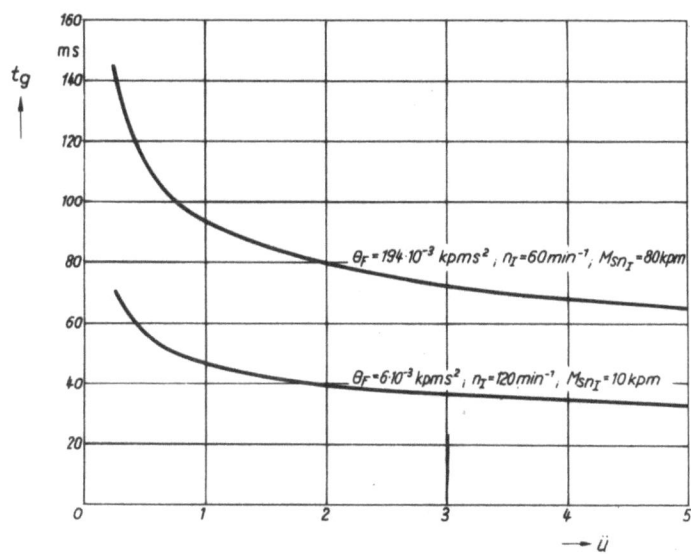

A b b i l d u n g 40

Gesamtzeit des Drehzahl-Beschleunigungsvorganges in
Abhängigkeit von der Übersetzung

Nach der Betrachtung der Übergangsfunktion der Drehzahl beim Einschalten soll die des Ausschaltens ermittelt werden. Die vorgegebene Drehzahl n_E fällt erst nach einer Totzeit T_{ta} auf die Drehzahl Null ab (Abb. 27). Das Last- und Reibungsmoment wirkt dem abfallenden Moment M_{s_2} entgegen und baut gleichzeitig die kinetische Energie E_{kin} der Schwungmasse ab. Das Last- und Reibungsmoment ist im allgemeinen gering, so daß man durch eine Bremse ein zusätzliches Gegenmoment M_b erzeugt.

Stellt man die Leistungsbilanz für die drei einwirkenden Leistungen für das Intervall der abnehmenden Drehzahl $n_E > n > 0$ auf, so erhält man unter Vernachlässigung des Last- und Reibungsmomentes

$$-\frac{dE_{kin}}{dt} - M_b \,\omega(t) + M_{s_2}(t)\,\omega(t) = 0 \qquad n_E > n > 0$$

mit $E_{kin} = \frac{1}{2}\Theta\,\omega^2(t)$

$$\frac{dE_{kin}}{dt} = \frac{1}{2}\Theta\,\frac{d\omega^2(t)}{dt} = \Theta\,\omega(t)\,\frac{d\omega(t)}{dt}$$

$$M_{s_2} = M_{s_b}\,e^{-\frac{2t}{\tau_3}} \qquad \text{nach Gleichung (6b)}$$

$M_b = \text{Konst.}$

$$-\frac{\Theta\pi}{30}\cdot\frac{dn}{dt} - M_b + M_{s_n}\,e^{-\frac{2t}{\tau_3}} = 0$$

$$n = \frac{30}{\Theta\pi}\int\left[M_{s_n}\,e^{-\frac{2t}{\tau_3}} - M_b\right]dt$$

mit den Randbedingungen $t = 0 \rightarrow n = n_E$

$$n = n_E - \frac{30}{\Theta\pi}\left[M_b\cdot t - \frac{M_{s_n}\tau_3}{2}\left(1 - e^{-\frac{2t}{\tau_3}}\right)\right] \quad n_E > n(t) > 0 \tag{14}$$

Je größer das Bremsmoment ist, desto kleiner wird die Totzeit T_{ta} und die Zeit für den Abfall der Drehzahl. Eine bei den meisten Systemen dauernd eingeschaltete Bremse wird während der Bewegungsvorgänge dauernd mit ihrem Bremsmoment schlüpfen, welches einmal aus thermischen Gründen, andererseits wegen der Verlängerung der Einschalttotzeit ungünstig ist. Bei dieser Betriebsart ist das Bremsmoment zeitlich dann günstig gewählte, wenn es etwa 30 % M_{sn} beträgt.

Wird die Bremse nur für den Abschaltvorgang eingeschaltet, so kann man ihr Moment größer als bei dauernd eingeschalteter Bremse auslegen. In diesem Falle ist die Höhe des Bremsmomentes von der Ansprech- und Anstiegzeit der Bremskupplung abhängig. Diese Zeiten müssen innerhalb der minimalen Einschaltzeit der Schaltkupplungen liegen. Zweckmäßig ist in diesem Falle ein Bremsmoment von etwa 50 % M_{sn}. Gleichung (14) zeigte, daß die Totzeit T_{ta} von der Größe des Bremsmomentes M_b abhängt, welches auch aus folgendem impliziten Ausdruck hervorgeht:

$$T_{ta} = \frac{\tau_3 M_{sn}}{2 M_b} \left(1 - e^{-\frac{2 T t_a}{\tau_3}}\right)$$

Beträgt das Bremsmoment

$M_b = 0,3 M_{sn}$ so ist $T_{ta} = 1,6 \tau_3$

$M_b = 0,5 M_{sn}$ so ist $T_{ta} = 0,8 \tau_3$

In Abbildung 41 ist die Drehzahlübergangsfunktion beim Abschalten nach Gleichung (14) mit $M_b = 0,5 M_{sn}$ und $\tau_3 = 30 \cdot 10^{-3}$s für die gleichen Werte, wie beim Einschalten gezeigt. Die gestrichelt eingezeichnete Kurve ist, um Übereinstimmung mit dem Einschaltvorgang zu erhalten, eine Näherung der ausgezogenen Drehzahlkurve. Der Anfangspunkt sowie die Zeitkonstante der Näherungsfunktion

$$n = n_E \cdot e^{-\frac{t}{\tau_4}}$$

wurde so gewählt, daß a und b flächengleich sind.

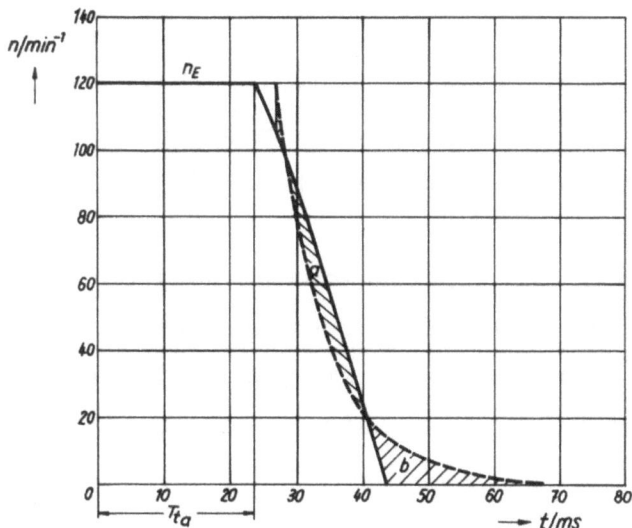

A b b i l d u n g 41

Drehzahlverlauf beim Abschalten

Vergleicht man den Drehzahlverlauf beim Ein- und Ausschalten, so ist für die gewählten Werte

Seite 59

$$T_{te} \approx t_{an} + T_v = 30 \text{ ms } (R_v = 3R_i); \quad T_{ta} = 28 \text{ ms } (R_p = 5 R_i)$$

$$T_{te} \approx T_{tan}$$

$$\tau_2 = \frac{n_E \Theta \pi}{60 \, M_s} = 3,8 \text{ ms}; \quad \tau_4 = \frac{n_E \Theta \pi}{60 \cdot M_b} = 7,6 \text{ ms}$$

Die bei den dynamischen Vorgängen auftretende thermische Belastung der Reibflächen ist bei den hier behandelten Systemen hauptsächlich durch die Beschleunigung der abtriebsseitigen Schwungmasse bedingt.

Bei Annahme einer reinen Beschleunigungsarbeit wird die Hälfte der zugeführten Arbeit durch das Gleiten der Reibflächen unabhängig von der Gesetzmäßigkeit des Momentenaufbaues in Wärme umgewandelt. Berücksichtigt man ein zusätzliches konstantes Lastmoment, so ist der während des Einschaltvorganges auftretende Arbeitsverlust noch größer, da die bis zum Erreichen des Lastmomentes zugeführte Arbeit verloren geht, d.h. in Wärme umgewandelt wird. Diese Wärme muß von den Lamellen und gegebenenfalls durch das Öl aufgenommen und abgeführt werden. Mit Öl geschmierte Lamellen besitzen deswegen eine höhere zulässige thermische Belastbarkeit als z.B. die nur für Trockenlauf bestimmten Kunststofflamellen.

Die während des Einschaltvorganges auftretenden Verluste ergeben sich aus der Differenz zwischen der zugeführten und der zur Beschleunigung und vom Lastwiderstand aufgenommenen Arbeit [10].

Da bei Nachformsystemen das Kupplungsmoment so groß ist, daß der Beschleunigungsvorgang schon vor Erreichen des Nennmomentes abgeschlossen ist, bleibt die Schaltverlustleistung relativ klein, so daß sie auch bei hoher Schalthäufigkeit innerhalb der zulässigen Schaltleistung liegt.

3.22 Elektromagnet-Zahnkupplungen

Elektromagnetisch betätigte Zahnkupplungen (Abb. 42) übertragen ihr Moment durch die kraftschlüssige Verbindung der am Umfang der Magnetkörper- und Mitnehmerseite in axialer Richtung angeordneten Stirnverzahnung. Das Verhalten und der Aufbau ihres Magnetkreises entspricht dem der Reibungskupplungen. Beim Einschaltvorgang baut sich der Strom exponentiell auf, bis die magnetische Feldkraft die Kraft der Abdruckfedern erreicht hat. Die Ankerscheibe zieht an und die Zähne greifen ineinander.

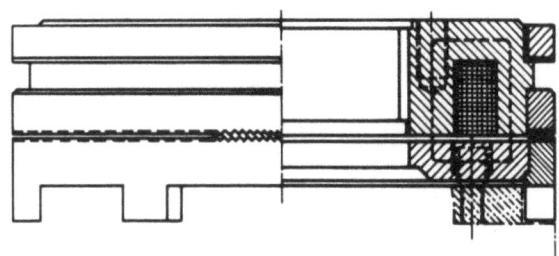

Abbildung 42
Elektromagnetisch betätigte Zahnkupplung

Diese kraftschlüssige Verbindung hat zwar den Vorteil, daß kein Leerlaufmoment vorhanden ist und die Zeitkonstante des Momentenaufbaues sehr klein wird (Abb. 43), besitzt jedoch den Nachteil, bei einer Relativdrehzahl zwischen Antrieb und Abtrieb nur eine bestimmte Leistung schalten zu können. Übersteigt die aus dem Beschleunigungs- und Lastwiderstand sich ergebende abtriebsseitige Leistung die von der Kupplung im Augenblick des Zahneingriffes übertragene Leistung, so schlüpfen die Zahnköpfe so lange aneinander vorbei, bis ein Gleichgewichtszustand erreicht ist. Dieses ist zu vermeiden, da es u.a. zu einem Verschleiß der Zahnköpfe führt.

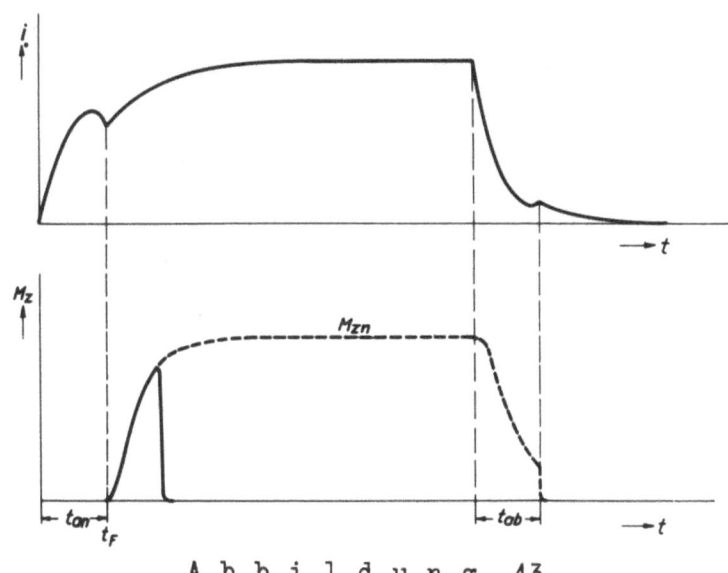

Abbildung 43
Schaltvorgang bei elektromagnetisch betätigten Zahnkupplungen

Die Schwungmasse würde durch die kraftschlüssige Verbindung unter der Voraussetzung eines leistungsgerechten und drehsteifen Antriebes eine unendlich große Beschleunigung erfahren. Das Verbindungselement zwischen Kupplung und Schwungmasse verzögert jedoch durch seine Drehfederung den Beschleunigungsvorgang, so daß der Hochlauf der Schwungmasse in einer endlichen Zeit stattfindet. Die Untersuchung der schaltbaren Leistung der Kupplung ist deshalb von der Drehfederung der Verbindung abhängig.

Das von der Zahnkupplung zum Zeitpunkt des Formschlusses übertragene Moment hängt von der Ausbildung der Zähne und von den Eigenschaften des magnetischen Kreises ab. In Abbildung 44 sind die auf die Zahnflanke einwirkenden Kräfte dargestellt. In Richtung der Zahnflanke wirkt die Reibungskraft $R = f_R \cdot N$, wobei die Normalkraft N sich aus der von der Kupplung zu übertragenden Umfangskraft U und dem Zahnwinkel α_z zu $N = U \cdot \cos\alpha_z$ ergibt. In gleicher Richtung füllt die Komponente der magnetisch erzeugten Kraft $p \cdot \cos\alpha_z$ vermindert um die Kraft der Rückstellfedern $Z \cdot \cos\alpha_z$.

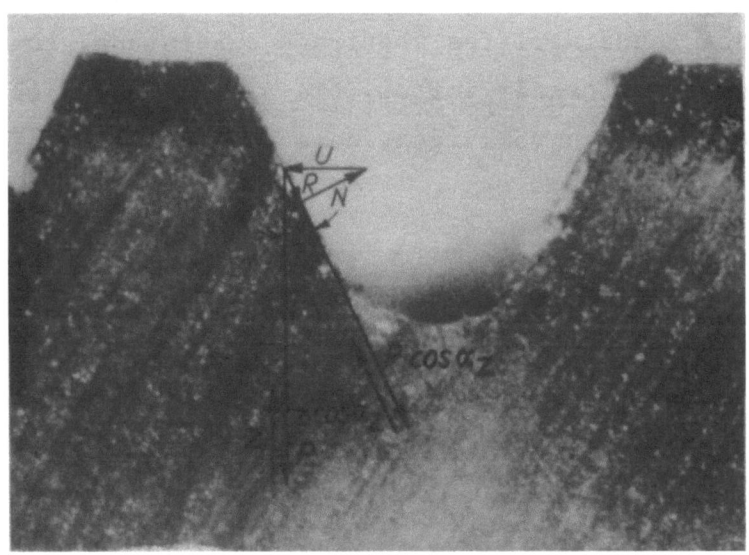

A b b i l d u n g 44

Krafteck der bei Zahnkupplungen auf die Zahnflanke
einwirkenden Kräfte bei Formschluß

Das von der Zahnkupplung bei einem dynamischen Vorgang maximal zu übertragene Moment M_Z ist somit

$$M_Z = U \cdot z r_m \; ; \quad U = (R + p(t)\cos\alpha_Z - Z \cdot \cos\alpha_Z) \sin\alpha_Z \qquad 90° > \alpha_Z > 0°$$

$$M_Z(t) = \frac{z r_m \cos\alpha_Z \sin\alpha_Z}{1 - f_R \cos\alpha_Z \sin\alpha_Z}(p(t) - Z) \tag{15}$$

Dieses Moment bewirkt die Torsion der Verbindungswelle und die Beschleunigung der Schwungmasse

$$M_z(t) = \frac{\pi}{30} \cdot \theta \, \frac{dn}{dt} + \frac{d\varphi \cdot G\theta_w}{dl_w} \quad .$$

Für den Zeitpunkt t_f des Ineinandergreifens der Zähne ergibt sich aus der Gleichung die maximal schaltbare Drehzahl

$$n(t_f) = \frac{30}{\pi \cdot \theta} \left[\frac{z r_m \cos\alpha_z \sin\alpha_z}{1 \cdot f_R \cos\alpha_z \sin\alpha_z} \cdot (p(t_f) - Z) - \frac{\varphi G\theta_w}{l_w} \right] \quad . \tag{16}$$

Diese Drehzahl nimmt mit zunehmendem abtriebseitigen Trägheitsmoment ab und bei erhöhter Anpreßkraft zu.

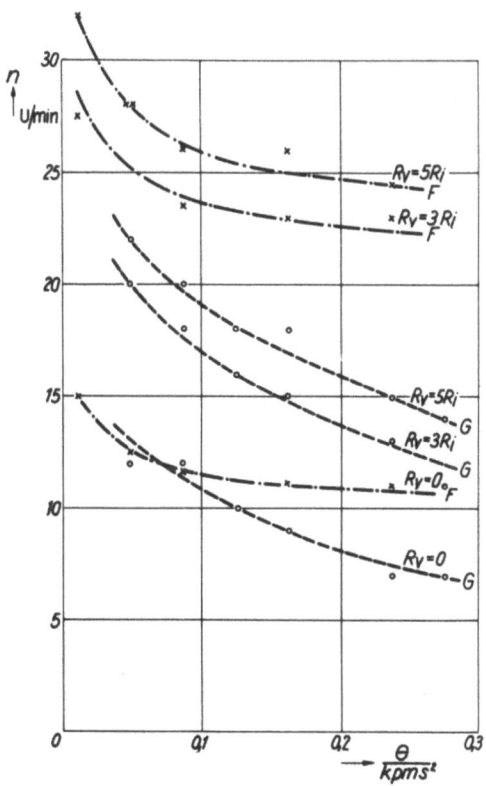

Abbildung 45

Maximal schaltbare Drehzahl bei Zahnkupplungen

Die am Kupplungsprüfstand mit dem ihm eigenen bezogenen Verdrehwinkel $\varphi' = 2,65 \cdot 10^{-2} \frac{\text{Grad}}{\text{kpm}}$ gemessenen maximalen schaltbaren Drehzahlen von Zahnkupplungen bestätigen den Verlauf der Gleichung (16). Abbildung 15 zeigt die Abhängigkeit der maximal schaltbaren Drehzahlen $n(t_f)$ von dem Trägheitsmoment mit der Schnellerregung als Parameter für die Kupplungen

F und G, die sich als Mittelwerte aus einer Anzahl von Messungen ergaben. Die verschiedenen Grenzdrehzahlen der momentenungleichen Kupplungen sind auf die unterschiedliche Anpreßkraft im Zeitpunkt t_f zurückzuführen.

Abbildung 46 zeigt die Verkürzung der Schaltzeiten durch Schnellerregung beim Einschalten und durch Parallelwiderstände beim Ausschalten von Zahnkupplungen. Auch diese Schaltzeiten sind Mittelwerte einer Meßreihe. Ihre Streuung ist insbesondere dadurch gegeben, daß bei Schaltvorgängen die Zahnköpfe aufeinanderstoßen, bevor sie ineinandergreifen. Die Einschaltzeiten der untersuchten Zahnkupplungen unterscheiden sich von den momentengleichen ($M_{ü}$) magnetisch nicht durchfluteten Reibungskupplungen nur unwesentlich. Die Ausschaltzeiten der Zahnkupplungen waren wegen der unterschiedlichen Konstruktionen verschieden. Es müßten jedoch bei entsprechender Auslegung des Magnetkreises und der Spreizfedern mindestens die gleichen Ein- und Ausschaltzeiten wie bei Reibungskupplungen zu erreichen sein.

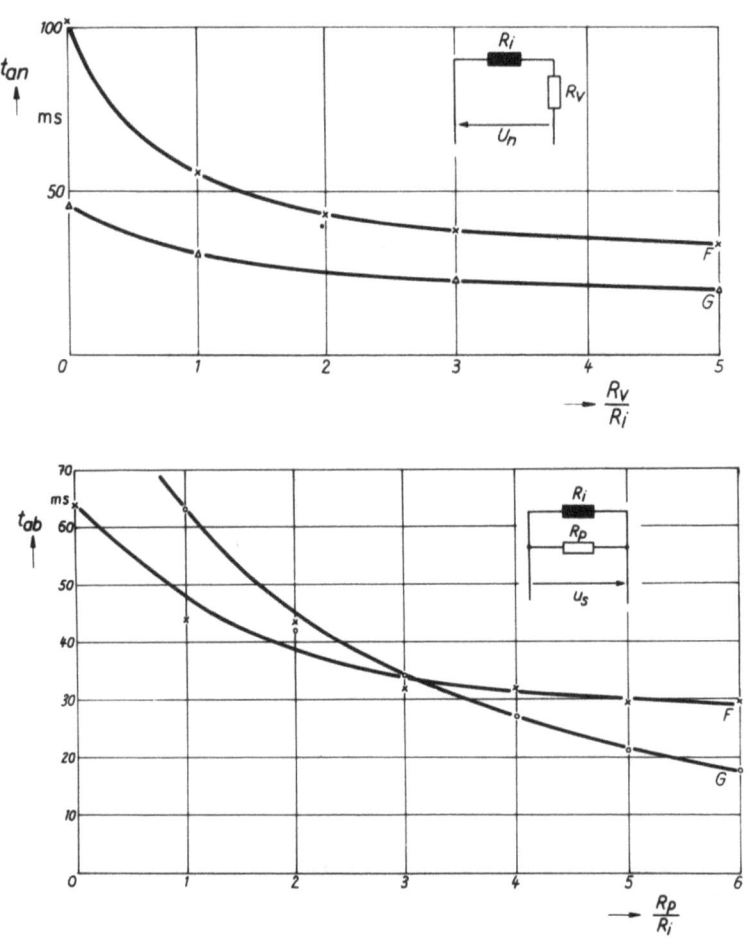

A b b i l d u n g 46

Einfluß der Schnellerregung und des Parallelwiderstandes auf die Schaltzeiten von Zahnkupplungen

Die Verwendung von Zahnkupplungen bei Nachformeinrichtungen ist vorerst nur bei entsprechend niedrigen Drehzahlen und Trägheitsmomenten möglich und hinsichtlich des Zeitverhaltens nur dann zweckmäßig, wenn durch ihren Einsatz die bei der Verwendung von Reibungskupplungen vorhandenen längeren Anstiegszeiten reduziert werden können.

3.3 Signalverstärker

Neben den Elektromagnetkupplungen können auch die Signalverstärker eine Totzeit besitzen. Dies ist bei Verwendung von elektromagnetischen Schaltern, Meßrelais, Relais oder Vakuumrelais die Zeit, die vergeht, bis der Kontakt nach Befehlsgabe schließt bzw. öffnet. Die Schaltvorgänge bei den Relais zeigen etwa das gleiche Verhalten, wie es bei den Kupplungen beschrieben wurde. Auch bei ihnen bringt die Schnellerregung wieder eine Verkürzung der Totzeit, wie es Abbildung 47 zeigt. Es ist das Verhältnis der Totzeiten bei Erregung mit und ohne Vorwiderstand über dem Verhältnis von Vorwiderstand zum Innenwiderstand des Relais aufgetragen. Das Gleichstromschaltvermögen war ausreichend für Kupplungen mit einem Nennmoment bis zu 40 kpm. Relais I ist ein Klappankerrelais, das Relais II ein Meßrelais und III ein Vakuumrelais. Die Kurven streben asymptotisch mit größer werdender Schnellerregung einem Grenzwert zu. Bei fünffacher Schnellerregung ist die Ansprechzeit etwa auf 30 % gesunken. Ähnlich wie bei Kupplungen verhalten sich die Ausschalttotzeiten der Relais.

Um diese Totzeiten zu vermeiden, kann man als Signalverstärker Elektronenröhren oder Transistoren verwenden. Der Einsatz dieser Bauelemente ist jedoch, abgesehen von den Fragen der Betriebssicherheit und der Lebensdauer, nur dann sinnvoll, wenn der prozentuale Anteil der Relaistotzeiten an der Gesamttotzeit relativ hoch ist, was bei Kupplungen mit einem Nennmoment bis zu etwa 40 kpm der Fall ist.

Elektronenröhren haben den Vorteil, daß die Kupplungen durch ihren Innenwiderstand eine Schnellerregung erhalten.

Außerdem sinkt die Kontaktbelastung des Fühlers gegenüber seiner Belastung mit einem Relais bis zu zwei Zehnerpotenzen [20]. Die Verwendung von Leistungstransistoren als Schalter hat, verglichen mit Elektronenröhren, den Vorteil, daß sie den Kupplungen spannungs- und

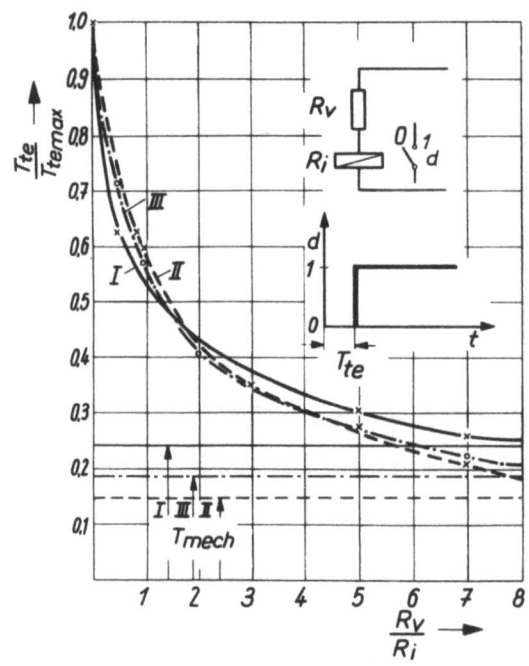

Abbildung 47
Einfluß der Schnellerregung auf die Ansprechzeit
von Relais

leistungsmäßig angepaßt sind. Dies bedeutet, daß die Kupplungen keine hochohmige Wicklung und damit einen höheren Spulenwicklungsfaktor zur Anpassung an die begrenzte Strombelastbarkeit der Elektronenröhren benötigen, und daß ein Parallelschalten von mehreren Elektronenröhren bei leistungshöheren Kupplungen vermieden werden kann. Transistoren haben außerdem bei richtiger Wahl des Arbeitsbereiches und der Betriebsbedingungen nach BENEKING [21] eine fünfzehnfach höhere Lebensdauer. Die zulässige Kollektor-Emitter-Spitzenspannung bei Transistoren liegt um 100 Volt, so daß eine Beherrschung der beim Abschalten auftretenden Selbstinduktionsspannungen unbedingt notwendig ist. Eine zu hohe Spannung an einem sperrenden Transistor führt zu einem Durchbruch infolge zu hoher Feldstärke. Die Abschaltspannungen können, wie gezeigt, ohne wesentliche Vergrößerung der Abschaltzeiten mit VDR-Widerständen auf die für Transistoren zulässigen Spannungen herabgesetzt werden. Die Transistoren sind ferner hinsichtlich ihrer thermischen Belastbarkeit sehr empfindlich. Bei Verwendung als Schalttransistor müssen deshalb bei intermittierendem Betrieb die auftretenden Verlustleistungen berechnet werden, die die Temperatur an der Kollektorsperrschicht, die sogen. Junctiontemperatur, bestimmen. Für die Bestimmung der Verlustleistung ist in Abbildung 48 das I_C-U_{CE}-Kennlinienfeld eines p-n-p Germaniumtransistors mit einer stark induktiven Lastkennlinie dargestellt. Diese Lastkennlinie wurde an einem in Emitterschaltung betriebenen Leistungstransistor (Abb. 48) mit einem Kathodenstrahloszillografen aufgenommen. Ist die Spannung U_{BE} annähernd Null, so ist U_{CE} etwa gleich U_B. Legt man an die Basis eine negative Spannung in Form einer Sprungfunktion, so öffnet der Transistor und der Kollektorstrom I_C steigt exponentiell an. Die Lastkennlinie verläuft von dem Punkt Sp durch das Gebiet niedriger Verlustleistungen zum Punkt D, an dem der Nennstrom des Verbrauchers erreicht ist.

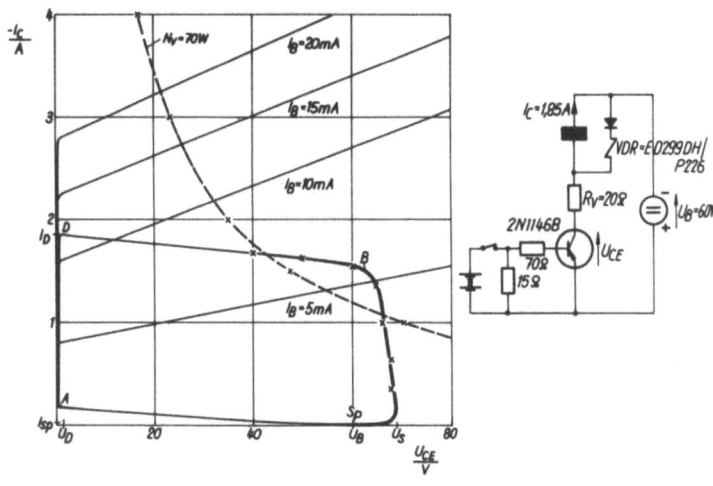

A b b i l d u n g 48
Kennlinienfeld eines Leistungstransistors mit induktiver Lastkennlinie

Beim Abschalten entsteht mit der frei werdenden magnetischen Energie der Spule eine Abschaltspannung, die entsprechend dem der Spule parallel liegenden Widerstand begrenzt ist. Die Lastkennlinie verläuft durch den Bereich hoher Verlustleistungen von dem Punkt D wieder zum Punkt Sp zurück. Der Transistor wird hierbei thermisch stark belastet, zumal er nicht nur einen Teil der magnetischen Spulenenergie aufnimmt, sondern auch noch durch die Batteriespeisespannung belastet ist. Würde der Kollektorstrom im Abschaltaugenblick Null, so wäre die Spannung U_{CE} die Summe von U_S und U_B. Der Kollektorstrom nimmt jedoch erst allmählich ab, so daß die Spannung U_{CE}, wie Abbildung 48 zeigt, wegen der Spannungsteilung nur um einen geringen Betrag höher liegt als die Batteriespannung. Die in dem Bild dünn ausgezogene Lastkennlinie (Sp-A; D-B) wird in relativ kurzer Zeit durchlaufen, während die dick ausgezogene

Linie eine längere Durchlaufzeit andeuten soll. Dieser zeitliche Verlauf ergibt sich aus den exponentiellen Abhängigkeiten des Stromes und der Spannung von der Zeit.

Eine strenge allgemeingültige Ableitung der Verlustleistungen ist namentlich für den beschriebenen Abschaltvorgang recht kompliziert und teilweise noch ungeklärt [22].

Die angenäherte Berechnung der Einzelverlustleistungen im Transistor liefert unter Berücksichtigung des Verhältnisses von Einschalt- zur Ausschaltzeit die Gesamtenergie, die bei intermittierendem Betrieb im Transistor in Wärme umgesetzt wird. Aus diesem Verhältnis und der zulässigen Transistor-Verlustleistung ergibt sich die maximal zulässige Schaltfrequenz. Sie lag für den in Abbildung 48 verwandten Leistungstransistor und dreifacher Schnellerregung einer 20 kpm-Kupplung mit parallel geschaltetem VDR-Widerstand bei 25 Hz, ein Wert, der bei mit dieser Kupplungsgröße ausgerüsteten Nachformeinrichtungen über der maximal möglichen Schaltfrequenz des Systemes liegt.

Der Einsatz von Transistoren ist dann vorteilhaft, wenn die Kollektor-Emitterspannung sowie der Kollektorstrom stets kleiner sind als die maximal zulässigen Werte, d.h. kleiner als die Durchbruchspannung und geringer als der Kollektorstrom, bei dessen Überschreitung der Einschnüreffekt zu erwarten ist [22].

Neben der einfachen Emitterschaltung hat die Reihenschaltung von zwei Leistungstransistoren den Vorteil, daß die über dem Schalter liegende zulässige Spannung und die Verlustleistung vergrößert wird. Eine stets gleiche Lastaufteilung auf diese Transistoren ist jedoch notwendig, um eine entsprechend große Betriebssicherheit wie bei der oben gezeigten Einzelschaltung zu erhalten [23].

4. Verhalten der Nachformsysteme

Die Untersuchung der bei unstetigen elektrischen Nachformeinrichtungen verwandten bzw. einzusetzenden Bauelemente hat ergeben, daß die einzelnen Übergangsfunktionen von bestimmten Einflußgrößen abhängig sind. Die Eigenschaften der Bauelemente wirken sich bei der Zusammenschaltung zum Folgesystem auf seine Nachfahrgenauigkeit und Stabilität aus. Diese beiden Kriterien sollen im folgenden behandelt werden. Die Untersuchungen wurden an Folgesystemen von verschiedenen Drehmaschinen durchgeführt, was jedoch keine Beschränkung der Ergebnisse auf diese Maschinenart bedeutet, da der prinzipielle Aufbau der Nachformsysteme für alle Maschinen gleich ist und die Ergebnisse sinngemäß übertragbar sind. So ist der Planvorschub bei den Drehmaschinen dem Horizontalvorschub bei Karusselldrehbänken gleichzusetzen, entsprechend der Längsvorschub der Vertikalzustellung. Diese Zuordnung ist zweckmäßig, da bei Drehmaschinen der Fehler des Folgesystemes in Planrichtung an dem Werkstück den doppelten Fehlerbetrag annimmt.

An folgenden Drehbänken wurden Messungen durchgeführt:

Nr. Maschinenart	maximaler Drehdurchmesser [mm]	Drehlänge [mm]	Baujahr	Nachformsysteme
I Produktions-Drehbank (Versuchs-Drehbank)	320	800	-	Taster (Fühler), Relais (Transistoren) 5 kpm-Lamellenkupplungen (Trockenlauf)
II Karusselldrehbank (Versuchs-Drehbank	1250	1000	1953	Taster, Relais, 10 kpm-Lamellenkupplungen (Naßlauf)
III Walzendrehbank	1000	6000	1959	Taster, Elektronenröhren, 20 kpm-Lamellenkupplungen (Naßlauf)
IV Walzendrehbank	1000	6000	1959	Taster, Thyratrons, 9 kpm-Einscheibenkupplungen (Trockenlauf)

4.1 Nachfahrfehler

Die Abbildung der Bezugsform wird unter Einwirkung der Führungsgröße durch einen ständigen Wechsel der entsprechenden Bewegungsrichtungen erzeugt. Der bei dieser Abbildung entstehende Nachfahrfehler setzt sich aus zwei Anteilen zusammen:

1. Aus dem für die Einleitung des Bewegungsvorganges notwendigen Auslenkweg des Fühlers, der Hysterese des Fühlers, und dem maschinen-

eigenen Spiel der Übertragungsglieder hinter dem Stellglied. Diese
Fehler bezeichnet man als Lagefehler.

2. Aus der Amplitude der Arbeitsbewegung.

Während der Lagefehler des Systemes durch die jeweilige Ansprechempfindlichkeit die Hysterese des Fühlers und die Größe des Spieles bestimmt wird, hängt die Arbeitsamplitude von der Totzeit und der Zeitkonstante sowie der maschineneigenen Reibung des Systemes ab. Beide Fehler sind außerdem durch Störgrößen beeinflußbar.

4.11 Lagefehler

Der aus der funktionsnotwendigen Auslenkung des Fühlers entstehende Lagefehler ist, wie in Abschnitt 3.11 gezeigt wurde, von dem Winkel der Bezugsform abhängig und daher über der gesamten Kontur unterschiedlich. An der Drehbank II wurde dieser Fehler durch Messung der Relativbewegung zwischen dem in einer Ebene auslenkbaren Kontaktfühler und der Tasterspitze ermittelt. Mit Hilfe von zwei induktiven berührungslosen Wegaufnehmern, die um $90°$ versetzt waren, ließ sich über der gesamten Bezugsform der Lagefehler ermitteln. Die Abbildung 49 zeigt die Messergebnisse. Als Maß für die Änderung der verschiedenen Ansprechempfindlichkeiten wurde die Tote Zone $2x_t$ gewählt. Ein Vergleich der Lagefehler mit den Werten der Fühlerkennlinien bei axialer Auslenkung zeigt, daß der Lagefehler über der gesamten Kontur sehr unterschiedlich ist. Dieser Verlauf läßt sich auf die von der Auslenkrichtung und die von der Belegung der Kontakte mit Arbeitsbewegungen abhängige Ansprechempfindlichkeit zurückführen. Die in der Klammer angegebenen Zahlen geben die Abweichung in /um an. Mit zunehmender Toter Zone nimmt der Lagefehler zu. Bei rein axialer Auslenkung wird er kleiner, da sich durch die Vergrößerung von $2x_t$ bei diesem Taster die Ansprechempfindlichkeit für den ersten und zweiten Kontakt zu kleineren Auslenkwegen und die von Kontakt zwei und drei zu größeren Werten verschieben. Der relative Lagefehler, die Differenz der Beträge zwischen den einzelnen Abweichungen von der Bezugesform, ist recht unterschiedlich, so daß eine Kompensation durch eine Vergrößerung der Schablone nicht sinnvoll ist. Da die Folgesysteme zum allergrößten Teil ihr Stellsignal über die Auslenkung eines Fühlers oder Tasters erhalten, ist jedes System mit einem absoluten Lagefehler behaftet. Wird jedoch der relative Fehler über der gesamten Kontur so klein wie möglich gehalten, so ist eine Kompensation der funktionsnotwendigen Ansprechempfindlichkeit durch die Bezugsform möglich. Abbildung 50 zeigt die Größe des Lagefehlers beim Nachformen einer Kugelaußenkontur mit drei verschiedenen Fühlern. Der Kontaktfühler I besitzt eine unterschiedliche Ansprechempfindlichkeit in Abhängigkeit von der Auslenkrichtung und der Kontaktbetätigung. Der Kontaktfühler II verursacht einen Lagefehler, der nur von der konturbedingten Kontaktbetätigung abhängt. Der induktive Fühler III erhält im Kulminationspunkt durch die Quadrantenumschaltung andere Bewegungsrichtungen, so daß er den geringsten relativen Lagefehler besitzt.

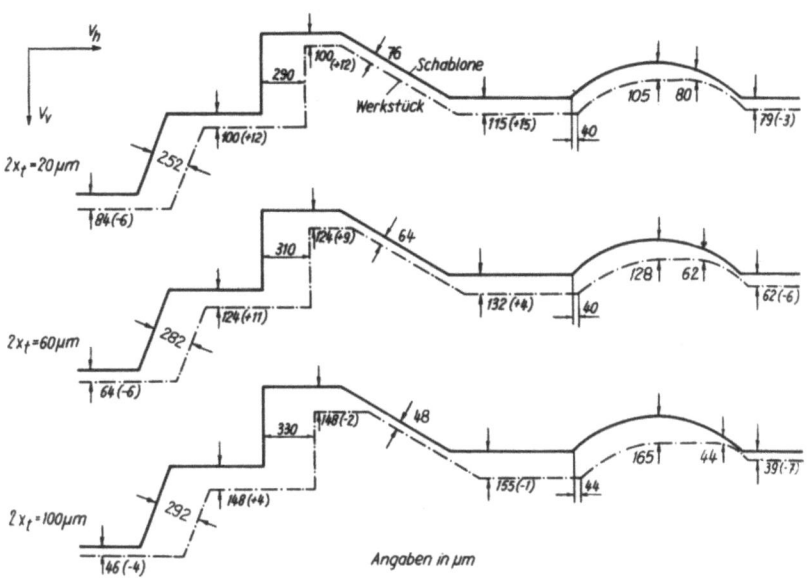

A b b i l d u n g 49
Lagefehler

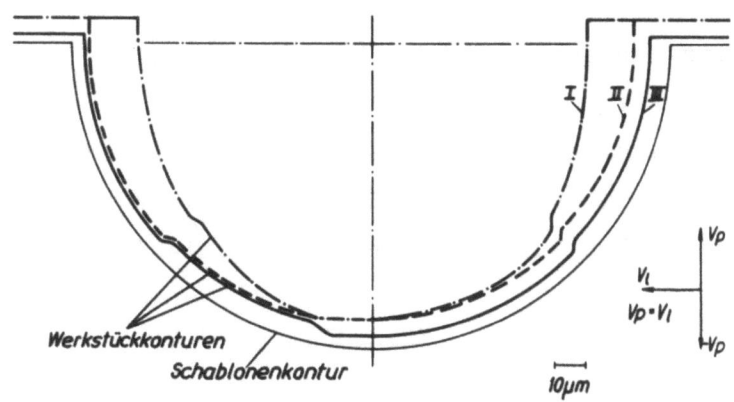

A b b i l d u n g 50
Lagefehler beim Nachformen einer Kugelaußenkontur
mit verschiedenen Fühlern

Aus Abbildung 50 ist zu entnehmen, daß am Kulminationspunkt der Kugel eine Abflachung entsteht, die einmal durch die Tote Zone des Kontaktfühlers bzw. durch die Quadrantenumschaltung beim induktiven Fühler sowie durch ein mögliches Spiel der Übertragungsglieder hinter dem Stellglied entsteht. Dieser Lagefehler entsteht nur dann, wenn ein Richtungswechsel eines Vorschubes stattfindet, wie dies beim Nachfahren einer Kugelaußenkontur beim Erreichen des Kulminationspunktes der Fall ist. Die Breite c der Längsverlagerung durch den Richtungswechsel ergibt nach Abbildung 51 für den Teilbetrag a, hervorgerufen durch die Tote Zone $2x_t$,

$$a = \sqrt{r_k^2 - (r_k^2 - 4r_k x_t + 4 x_t^2)}$$

da $x_t \ll r_k$ $x_t^2 = 0$ gesetzt

wird $a = 2x_t \sqrt{\dfrac{r_k}{x_t}}$

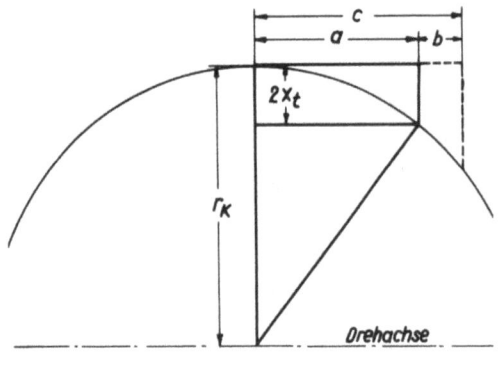

Abbildung 51
Längsverlagerung durch die Tote Zone

Der Teilbetrag b ist abhängig von der Zeit t_s, die benötigt wird, um mit der Vorschubgeschwindigkeit v das Spiel und die Einschalttotzeit T_{te} der zugeschalteten Richtungskupplung zu durchlaufen.

$$b = \frac{v \cdot (t_s + T_{te})}{60}$$

Die gesamte Breite der Längsverlagerung beträgt:

$$c = 2x_t \sqrt{\frac{r_k}{x_t}} + \frac{v \cdot (t_s + T_{te})}{60} \qquad (17)$$

Abbildung 52 zeigt die gemessene Werkstückoberfläche einer Kugelaußenkontur bei verschieden eingestellter Toten Zone an der Drehmaschine II bei einer Vorschubgeschwindigkeit von 8,2 $\frac{mm}{min}$ in Horizontal- und Vertikalrichtung.

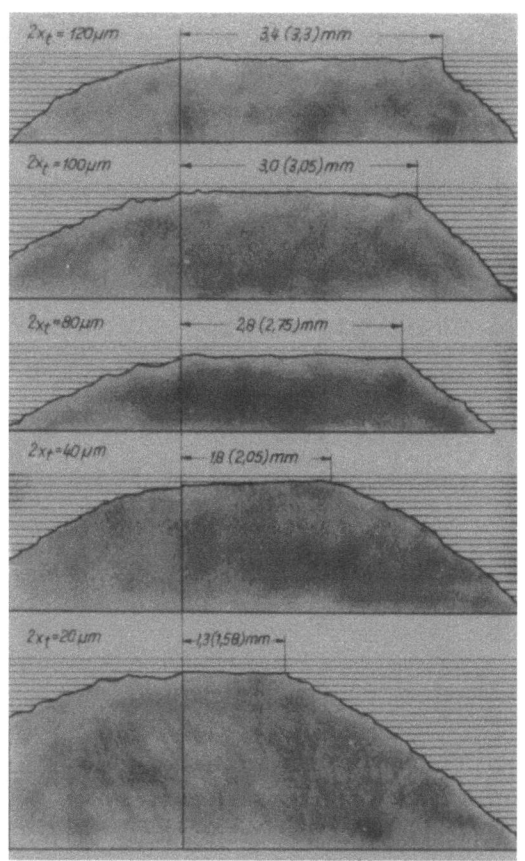

A b b i l d u n g 52
Forsteraufnahme von Kugelkonturen um den Kulminationspunkt (Drehbank II)

Wegen der Größe des Werkstückes war eine Bestimmung der Oberflächenform durch direkte Messung nicht möglich. Aus diesem Grunde wurde ein Abguß mit einer Kunststoffmasse (Technovit) hergestellt und mit einem Forstergerät ausgewertet.

Die nach Gleichung (17) errechneten Werte für die Längsverlagerung sind in Abbildung 52 in der Klammer angegeben und zeigen eine gute Übereinstimmung mit den meßtechnisch ermittelten Werten.

Der durch das Spiel hervorgerufene Lagefehler wird direkt nach seiner Entstehung wieder ausgeglichen. Der spielbehaftete Vorschub verharrt in Ruhe, bis das Spiel überwunden ist, während der nicht geschaltete

Vorschub durchläuft und die Regelabweichung vergrößert. Die erstmals nach einer Richtungsumkehr eingeschaltete Kupplung gleicht dann diesen Fehler aus.

Dieses Verhalten zeigt auch in Abbildung 53 der Verlauf der Relativbewegung x_w beim Nachformen einer Kugelkontur an der Drehbank III. Vor dem Kulminationspunkt schaltet die Vorschubkupplung "plan rück" (in Abbildung dargestellt durch den Strom i_{kpr}), während der Längsvorschub durchläuft. Nach Erreichen des Kulminationspunktes nimmt x_w um den Betrag $2x_t$ und den des Spieles ab. Die erste Arbeitsbewegung der Vorschubkupplung "plan vor" erreicht zum Ausgleich der Regelabweichung durch das Spiel eine größere Schaltamplitude als die Nachfolgenden.

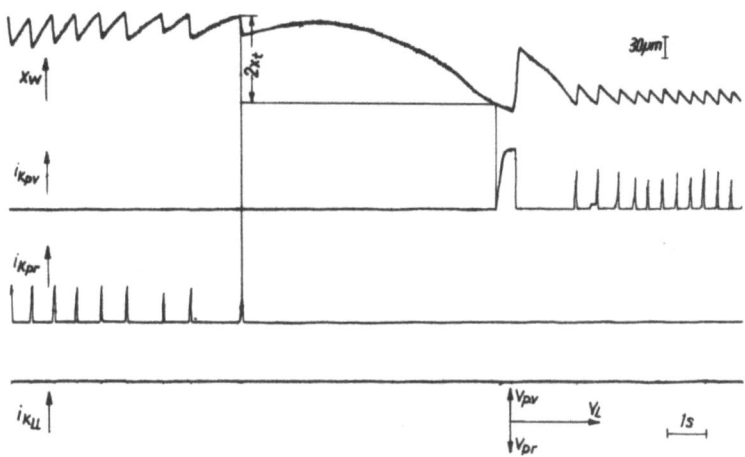

A b b i l d u n g 53
Relativbewegung beim Nachformen einer Kugelkontur
um den Kulminationspunkt (Drehbank IV)

Das an den einzelnen Drehbänken gemessene Spiel ist in der folgenden Tabelle zusammengestellt. Es wurde die Zeit ermittelt, die der die Richtung umkehrende Vorschub benötigt, um bei einer Vorschubgeschwindigkeit von 50 mm/min das Spiel zu durchlaufen.

Drehbank	Zeit in ms zum Durchlaufen des Spieles bei $v = 50 \frac{mm}{min}$	
	Plan- (Horizontal) Vorschub	Längs- (Vertikal) Vorschub
I	vernachlässigbar klein	-
II	385	350
III	137	590
IV	230	1280

Die Verlagerung in Richtung des jeweils durchlaufenden Vorschubes erhält man durch Multiplikation dieser Zeit mit der Geschwindigkeit des durchlaufenden Vorschubes.

Der Lagefehler, hervorgerufen durch die Tote Zone und durch das Spiel, wirkt sich besonders nachteilig beim Nachformen von Innenkonturen aus. Die in Abschnitt 3.215 betrachtete Drehzahlübersetzung zur Verkürzung der Einschalttotzeiten ist nur dann für das Folgesystem von Vorteil, wenn kein zusätzliches Spiel durch die Übersetzung entsteht.

4.12 Fehler durch die Arbeitsbewegung

Der zweite Anteil des Nachfahrfehlers wird durch die Arbeitsbewegung des Folgesystemes hervorgerufen. Die Totzeit und die Zeitkonstante des Systemes bestimmen mit den jeweiligen Größen der Vorschubgeschwindigkeiten und dem Winkel der nachzuformenden Kontur die Amplitude und Frequenz der Arbeitsbewegungen.

Das Zeitverhalten eines Nachformsystemes ist aus Abbildung 54 zu entnehmen. Es zeigt verschiedene Ausgangsgrößen des Planvorschubes des offenen Regelkreises bei Drehmaschine I. Es wurden folgende Größen aufgenommen:

1. Zeitmarke (100 Hz)
2. Eingangsgröße x_e (Tasterauslenkung)
3. Gesamtstrom der Kupplungs- und des Bremsrelais
4. Erregerstrom der Vorschubkupplung für die Planvorwärtsbewegung
5. Erregerstrom der Vorschubkupplung für die Planrückwärtsbewegung
6. Drehzahl der Vorschubspindel
7. Ausgangsgröße x_a (Bewegung des Supportes)

Der Kontaktfühler wurde durch einen motorisch angetriebenen Exzenter sinusförmig über die Tote Zone hinaus ausgelenkt, so daß das System in beiden Richtungen ansprach. Dieser Funktionsablauf entspricht nicht der Arbeitsbewegung eines unstetigen Systemes, an dem jeweils nur ein Stellglied einer Vorschubbewegung beteiligt ist, zeigt jedoch den Einfluß des Zeitverhaltens der einzelnen Bauelemente für beide Bewegungsrichtungen. Aus dem Oszillogramm ist zu entnehmen, daß erst nach der Totzeit T_{te} die Spindelbewegung in der vorgegebenen Richtung beginnt.

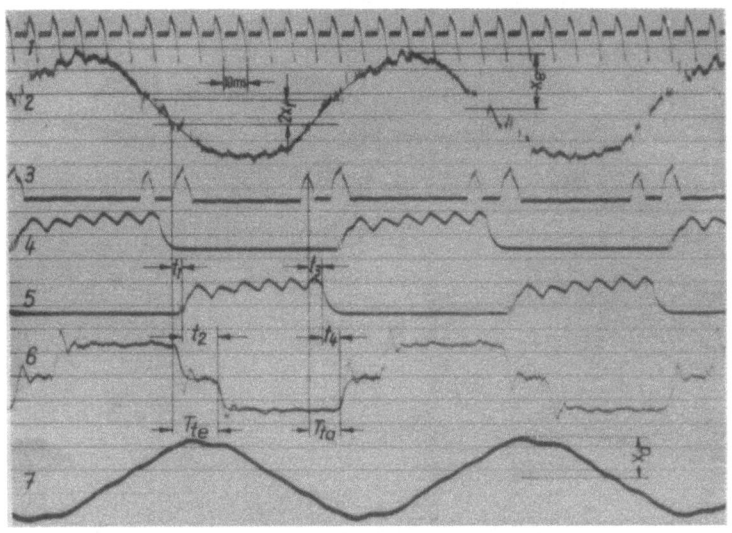

A b b i l d u n g 54
Ausgangsgrößen eines Nachformsystemes (Drehbank I)

Die Zeit t_1 ist durch das Relais und t_2 durch die Kupplung bedingt. Entsprechend dem Drehzahlverhalten der Vorschubspindel verläuft der Weg des Supportes. - Auf Grund der Betrachtung der dynamischen Vorgänge in Abschnitt 3.215 erhält man

$$T_{te} = t_1 + t_{an} + T_v \; ; \; T_{ta} = t_3 + t_{ab}$$

In der folgenden Tabelle sind die gemessenen und gemittelten Totzeiten für die verschiedenen Drehbänke zusammengestellt.

Dreh-bank Nr.	Totzeiten in ms							
	Plan-(Horizontal)Vorschub				Längs-(Vertikal)Vorschub			
	vor ein	vor aus	rück ein	rück aus	lks.ein	lks.aus	rts.ein	rts.aus
I	20 (16)	15 (12)	20 (16)	15 (12)	-	-	-	-
II	lks.ein 65	lks.aus 45	rts.ein 65	rts.aus 45	auf ein 50	auf aus 30	ab ein 45	ab aus 30
III	45	50	45	60	50	85	50	85
IV	70	60	70	60	120	100	130	115

(Der Standort für die Bezeichung der Vorschubrichtung ist die Bedie-
die Bedienungsseite)

Die Differenzen der Totzeiten zwischen den beiden Richtungskupplungen
eines Vorschubes sind durch unterschiedliches Verhalten der Kupplungen
und verschieden große Reibungsmomente zu erklären.

4.121 Führungsverhalten in Planrichtung

Der Anteil des Nachfahrfehlers, den die Arbeitsbewegung verursacht,
läßt sich aus dem Führungsverhalten des Systemes ableiten. BACKÉ [6]
hat gezeigt, welches Führungsverhalten die unstetigen Folgesysteme besitzen. Die aus diesem Verhalten ermittelten Beziehungen sollen im folgenden unter allgemeineren Bedingungen erweitert werden. Es werden ferner die Voraussetzungen ermittelt, unter denen die Schaltamplituden
über der gesamten Kontur den kleinsten Wert annehmen.

Das Führungsverhalten für die Vorschubbewegung unterscheidet sich durch
die Zuordnung von verschiedenen Stellbefehlen für die einzelnen Stellglieder; während einer der Vorschübe laufend zu- und abschaltet, bleibt
der andere dauernd eingeschaltet. Es müssen deshalb der Plan- und
Längsvorschub in ihrem Führungsverhalten gesondert betrachtet werden.

4.1211 Schaltamplitude

In Abbildung 55 sind die geometrischen Verhältnisse für die Arbeitsbewegung dargestellt. Die Bewegung wird erzeugt durch die Kombination des
durchlaufenden Längsvorschubes mit der Geschwindigkeit v_l und des geschalteten Planvorschubes mit der Geschwindigkeit v_p. Der Fühler bewegt
sich zunächst mit der aus Plan- und Längsvorschub gebildeten resultierenden Geschwindigkeit v_r. Im Punkt A ist die Auslenkung des Fühlers
so groß, daß der Planvorschub abschaltet. Durch die Abschalttotzeit
läuft der Support vorerst mit der resultierenden Vorschubgeschwindigkeit weiter, wobei sich der Fühler stärker auslenkt. Im Punkt A' ist
die Abschalttotzeit überwunden, so daß nur noch der Längsvorschub eingeschaltet bleibt. Im Punkt B wird die Schablonenkontur wieder erreicht
und die Auslenkung des Fühlers ist so stark reduziert worden, daß der
Planvorschub wieder einschaltet. Nach Ablauf der Einschalttotzeit T_{te}
stellt sich im Punkt B' wieder die resultierende Vorschubgeschwindigkeit ein; der Support bewegt sich wieder in Richtung der Schablonenkontur.

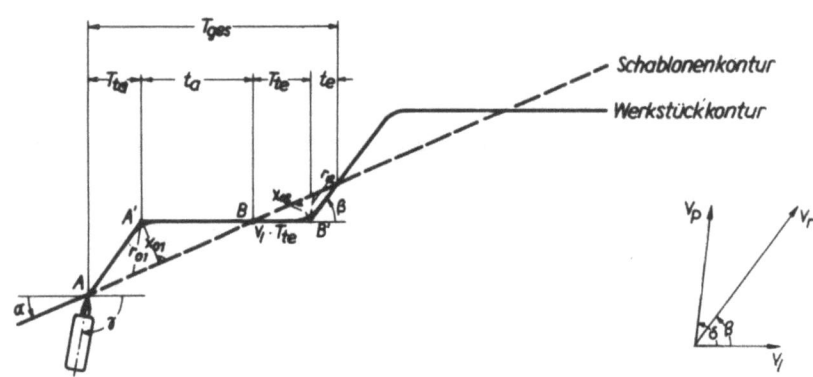

A b b i l d u n g 55
Arbeitsbewegung beim Nachformen einer geneigten Kontur
(Planvorschub schaltet)

Der Einfluß der Masse ist durch die Verzugszeit T_v und die in Abbildung 55 dargestellte Vereinfachung berücksichtigt.

Die Amplitude der Arbeitsbewegung ist bestimmt durch die funktionsnotwendige Auslenkung des Fühlers. Sie ist bei Tastern, die nur in axialer Richtung auslenkbar sind, von dem Einstellwinkel γ, dem Winkel zwischen der Tasterlängsachse und der Werkstückachse, abhängig. Die Doppelamplitude der Relativbewegung $2r_o$ zwischen diesem Taster und dem Support leitet sich aus den geometrischen Verhältnissen (Abb. 55) ab:

$$2r_0 = r_{01} + r_{02} = v_l \left(T_{te} \frac{\sin\alpha}{\sin(\gamma+\alpha)} + T_{ta} \cdot \frac{\sin\delta \cdot \sin(\beta-\alpha)}{\sin(\delta-\beta)\cdot\sin(\gamma+\alpha)} \right) . \quad (18)$$

Verwendet man, wie dies meistens der Fall ist, Taster, die in einer Ebene oder räumlich auslenkbar sind, so werden diese, wenn man die Reibung zwischen Schablonenkontur und Tasterspitze vernachlässigt, stets senkrecht zur Schablonenkontur ausgelenkt. Die Doppelamplitude der Relativbewegung $2x_o$ beträgt bei dieser Tasterart $\gamma = 90° - \alpha$

$$2x_0 = x_{01} + x_{02} = v_l \left(T_{te}\sin\alpha + T_{ta} \frac{\sin\delta \sin(\beta-\alpha)}{\sin(\delta-\beta)} \right) . \quad (19)$$

Dieser Ausdruck für die Größe der Relativbewegung ist gleichzeitig der für die Doppelamplitude der Arbeitsbewegung, da diese ebenfalls senkrecht zur Schablone gemessen werden soll. Der Winkel δ berücksichtigt, daß bei einigen Drehmaschinen die beiden gesteuerten Koordinaten nicht senkrecht zueinander stehen. Aus dem Parallelogramm der Vorschubgeschwindigkeit in Abbildung 55 ist zu entnehmen

$$\frac{v_r}{\sin\delta} = \frac{v_l}{\sin(\delta-\beta)} = \frac{v_p}{\sin\beta}; \quad \text{für } \delta = 90°: \frac{v_p}{v_l} = tg\beta .$$

Verwendet man einen Fühler, der in einer Ebene oder räumlich auslenkbar ist und stehen die Vorschubrichtungen senkrecht zueinander, so vereinfacht sich Gleichung (19) zu

$$2x_0 = v_l \left(T_{te} \sin\alpha + T_{ta} \frac{\sin(\beta-\alpha)}{\cos\beta} \right) . \tag{20}$$

Eine weitere Vereinfachung ergibt sich, wenn die Totzeiten gleich sind.

$$T_{te} = T_{ta} = T_t$$

$$2x_0 = v_l \cdot T_t \cdot tg\beta \cdot \cos\alpha = v_p \cdot T_t \cdot \cos\alpha \tag{20a}$$

Die Gleichungen (18) bis (20) haben für alle Quadranten Gültigkeit, sofern der Planvorschub geschaltet wird und wenn man die Winkel α und β in der in Abbildung 56 gezeigten Weise von der Werkstückachse aus im mathematisch positiven Sinn umlaufen läßt sowie für die Bewegungsrichtungen der Vorschubgeschwindigkeiten die in Abbildung 56 festgelegten Vorzeichen wählt.

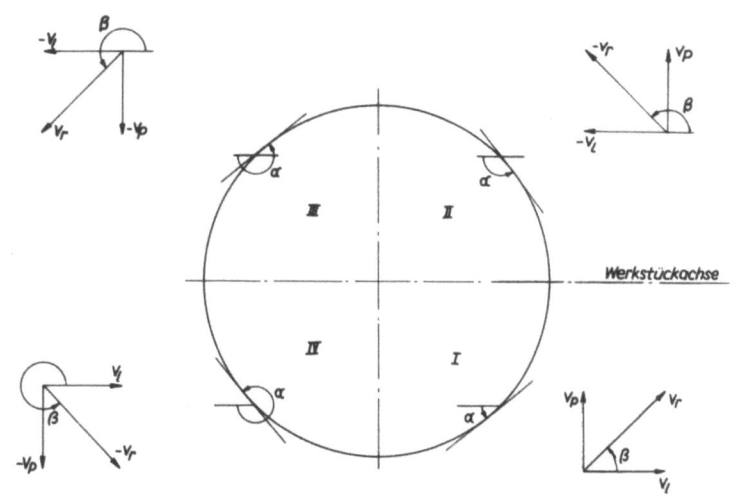

A b b i l d u n g 56
Winkel und Vorschübe in den einzelnen Quadranten

Zu Abbildung 56 ist zu bemerken, daß das Hinterdrehen nur mit Hilfe eines Quadrantenumschalters möglich ist, wenn beide Vorschubrichtungen mit jeweils zwei schaltbaren Bewegungsrichtungen ausgerüstet sind. Wählt man den entgegengesetzten Umlaufsinn für den Bearbeitungsvorgang, so sind die Vorschubrichtungen und der Umlaufsinn der Winkel entsprechend umzukehren.

Der Planvorschub schaltet nur dann laufend zu und ab, wenn die resultierende Vorschubgeschwindigkeit steiler verläuft als die Kontur, d.h.

$$\alpha < \beta \quad \text{im I. und III. Quadranten}$$
$$\alpha > \beta \quad \text{im II. und IV. Quadranten.}$$

Bedingungen, die für die Gültigkeit der Gleichung (18) bis (20) erfüllt sein müssen.

Betrachtet man nun die Größe der Doppelamplitude der Arbeitsbewegung, so läßt sich diese auch durch die Wahl des Winkels β beeinflussen. In Abbildung 57 ist die Abhängigkeit der relativen Schaltamplitude von dem Konturneigungswinkel mit dem Vorschubgeschwindigkeitsverhältnis als Parameter nach Gleichung (20a) für alle Quadranten dargestellt. Verringert man den Winkel β, so wird die relative Schaltamplitude, gleichzeitig jedoch auch der Vorschubbereich der Maschine, kleiner.

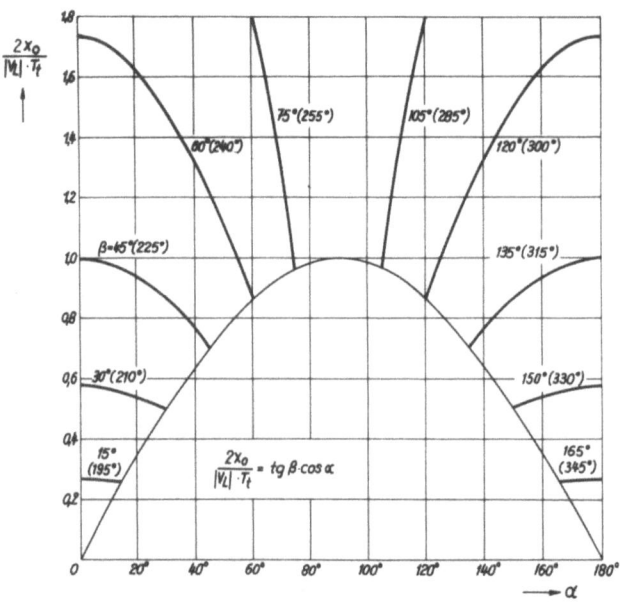

Abbildung 57
Relative Schaltamplitude in Abhängigkeit vom Konturneigungswinkel
(Planvorschub schaltet)

4.1212 Schaltfrequenz

Aus den geometrischen Verhältnissen in Abbildung 55 läßt sich die Gesamtzeit T_g einer Schaltperiode ableiten

$$T_g = tg\beta \left(T_{te} \frac{1}{tg\beta - tg\alpha} + T_{ta} \frac{1}{tg\alpha} \right) = \frac{1}{f_s} \quad . \quad (21)$$

Die in Abhängigkeit von den Winkeln α und β sich einstellende und durch die Totzeiten bestimmte Höhe der maximalen Schaltfrequenz f_s ist nur indirekt ein Maß für die Nachfahrgenauigkeit des Systemes.

Die Messungen der Schaltamplitude und der Schaltfrequenz an verschiedenen Drehbänken ergaben, daß die rechnerisch ermittelten Werte mit den Meßwerten gut übereinstimmen.

Abbildung 58 zeigt die Forsteraufnahme eines Abgusses von einem nachgeformten Kegel mit der Steigung 1 : 100. Diese Messung wurde an der Drehbank II bei einer Vorschubgeschwindigkeit von 8,2 mm/min für beide Vorschübe durchgeführt. Die Rechnung ergab für die Doppelamplitude 7 /um, während der gemittelte Meßwert 8 /um betrug.

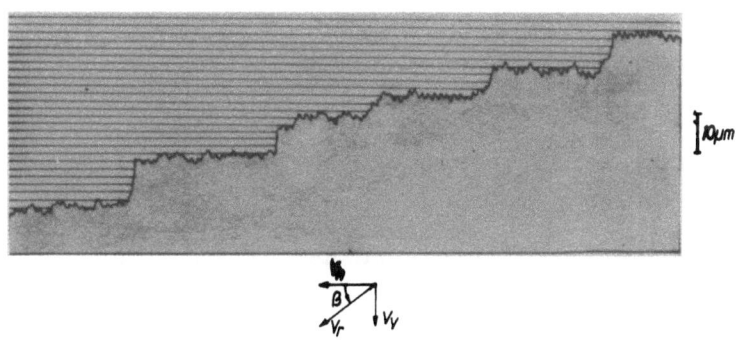

A b b i l d u n g 58
Forsteraufnahme eines Kegels mit der Steigung 1:100
(Drehbank II)

Abbildung 59 zeigt:

1. Weg des Supportes mit der Doppelamplitude $2x_o$
2. Strom der Richtungskupplung "plan rück"
3. Relativbewegung zwischen Tasterspitze und Support mit der Doppelamplitude $2r_o = 2x_o$
4. Spannung am Fühlerkontakt für die Richtungskupplung "plan rück".

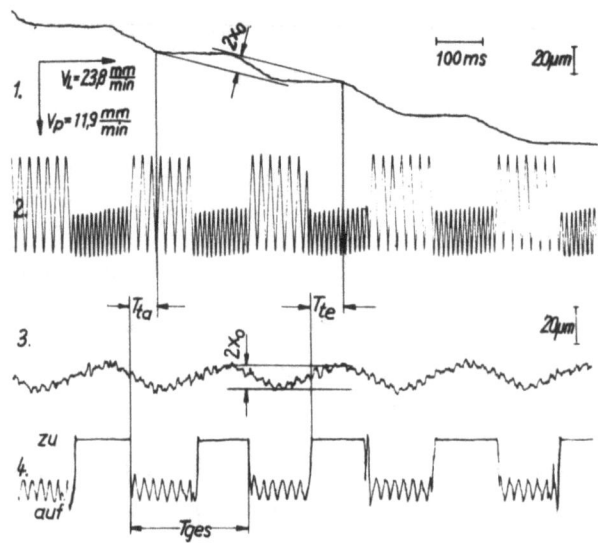

Abbildung 59
Nachformen eines 15° - Kegels (Drehbank IV)

Die Messung der Arbeitsbewegung beim Nachfahren eines Konturneigungswinkels von 15° an der Drehbank IV ergab eine Schaltamplitude $2x_o$ = 13 µm und eine Gesamtzeit von T_g = 250 ms; die errechneten Werte betragen 12 µm und 255 ms.

4.122 Führungsverhalten in Längsrichtung

Verläuft die resultierende Vorschubgeschwindigkeit flacher als die Kontur, so wird der Längsvorschub zu- und abgeschaltet, während der Planvorschub durchläuft. Entsprechend den in Abbildung 56 gewählten Winkeln und Vorzeichen lauten die Bedingungen für das Schalten des Längsvorschubes

$\alpha > \beta$ im I. und III. Quadranten
$\alpha < \beta$ im II. und IV. Quadranten

4.1221 Schaltamplitude

Wird die Arbeitsbewegung durch Schalten des Längsvorschubes erzeugt, so ist aus den geometrischen Verhältnissen, die Abbildung 60 zeigt, die Größe der Relativbewegung $2r_o$ zu entnehmen:

$$2r_0 = v_p \left(T_{te} \frac{\cos\alpha}{\sin(\gamma+\alpha)} + T_{ta} \frac{\sin\delta \sin(\alpha-\beta)}{\sin\beta \sin(\gamma+\alpha)} \right) \quad . \qquad (22)$$

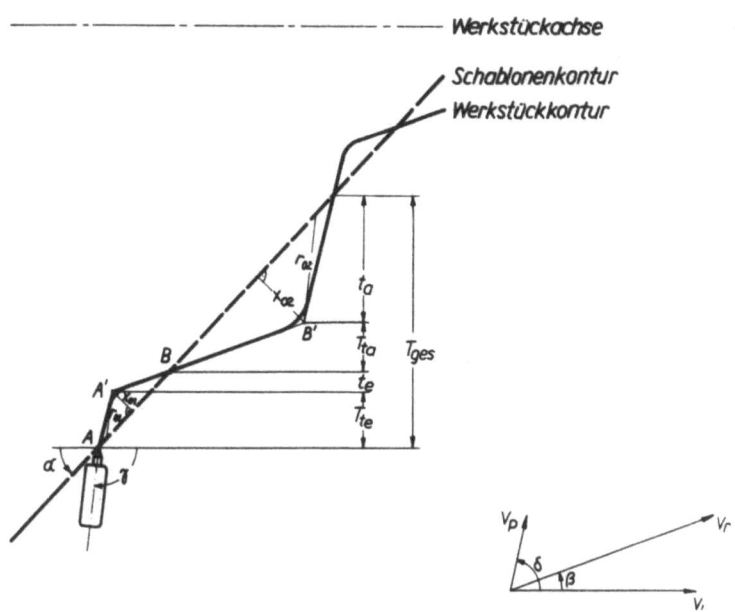

A b b i l d u n g 60
Arbeitsbewegung beim Nachformen einer geneigten Kontur
(Längsvorschub schaltet)

Setzt man unter den bereits erwähnten Voraussetzungen

$$\delta = 90^\circ \; ; \qquad \gamma = 90^\circ - \alpha$$

so erhält man die Relativbewegung bzw. Schaltamplitude

$$2x_o = v_p \left(T_{te} \cos\alpha + T_{ta} \frac{\sin(\alpha - \beta)}{\sin\beta} \right) \qquad (23)$$

unter der Annahme $T_{te} = T_{ta} = T_t$

$$2x_o = v_p \cdot T_t \cdot \operatorname{czg}\beta \cdot \sin\alpha = v_l T_t \cdot \sin\alpha \; . \qquad (23a)$$

Ein Vergleich der Gleichung (20) und (23) zeigt das unterschiedliche Führungsverhalten für die einzelnen Vorschubbewegungen; dieses ist durch die verschiedenen Vorschubrichtungen und den gleichen Ansatz des Konturneigungswinkels zu erklären.

Wie aus Abbildung 61 hervorgeht, ist bei einer Verringerung des Vorschubverhältnisses auch in diesem Falle die relative Schaltamplitude kleiner. Der Vergleich der Abbildungen 57 und 61 zeigt, daß die Schaltamplituden in Abhängigkeit des Konturneigungswinkels bei einem Winkel von β = 45° die gleichen Werte annehmen; was auch aus dem symmetrischen Aufbau der entsprechenden Gleichungen hervorgeht. Diese Symmetrie ist bei der Betrachtung des relativen Nachfahrfehlers über der gesamten Kontur wesentlich, da dieser bei gleichen Vorschubgeschwindigkeiten ein Minimum annimmt.

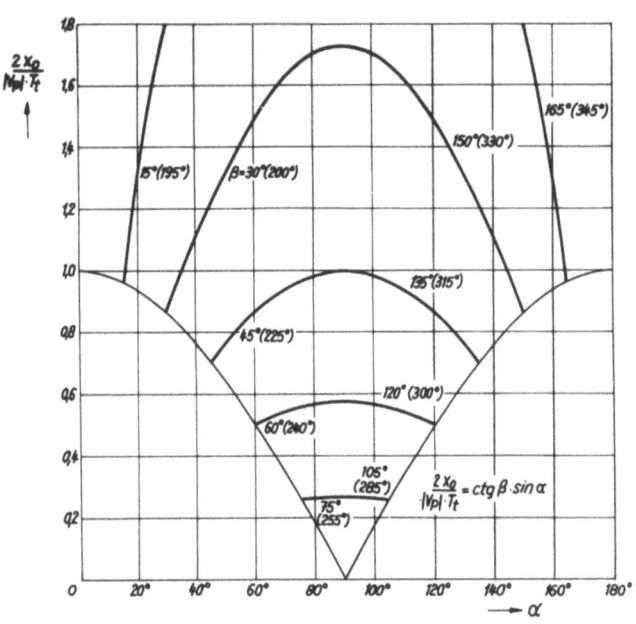

A b b i l d u n g   61

Relative Schaltamplitude in Abhängigkeit vom Konturneigungswinkel (Längsvorschub geschaltet)

4.1222 Schaltfrequenz

Entsprechend dem in Abbildung 60 gezeigten Funktionsverhalten erhält man für die Schaltfrequenz f_s den reziproken Wert der Dauer einer Schaltperiode

$$T_g = tg\alpha \left(T_{te} \frac{1}{tg\beta} - T_{ta} \frac{1}{tg\alpha - tg\beta} \right) . \qquad (24)$$

Die Gültigkeit der für das Schalten in Längsrichtung abgeleiteten Beziehungen beweisen die Meßergebnisse der Schaltamplitude und der Schaltfrequenz an verschiedenen Drehbänken.

Abbildung 62 zeigt die Relativbewegung $2x_o$ beim Nachformen eines 45° Kegels an der Drehbank IV. Der Planvorschub der Richtungskupplung "plan vor" (dargestellt durch den Strom i_{kpv}) ist dauernd eingeschaltet, während die Richtungskupplung "längs links" zu- und abschaltet. Die gemessene Schaltamplitude beträgt 24 µm und die Gesamtzeit einer Schaltperiode 460 ms. Die rechnerisch ermittelten Werte sind 30 µm und 440 ms. In Abbildung 63 sind die Relativbewegungen für verschiedene Vorschubgeschwindigkeiten beim Nachfahren einer 45°-Kontur mit der Drehbank III gezeigt. Die in Klammer gesetzten Werte der Schaltamplitude sind die gerechneten Werte.

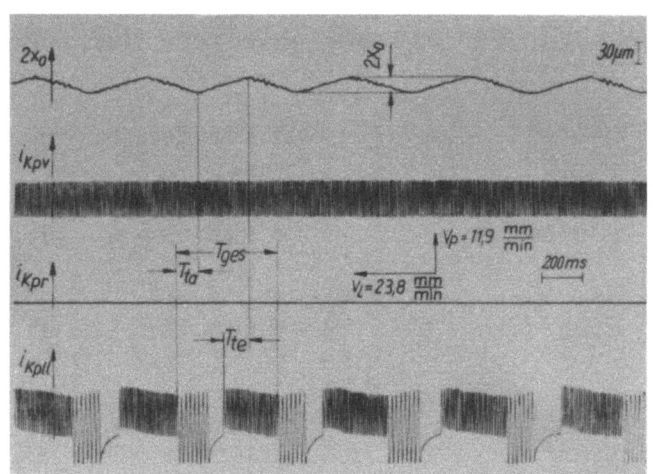

A b b i l d u n g 62

Relativbewegungen beim Nachformen eines 45° - Kegels
(Drehbank IV)

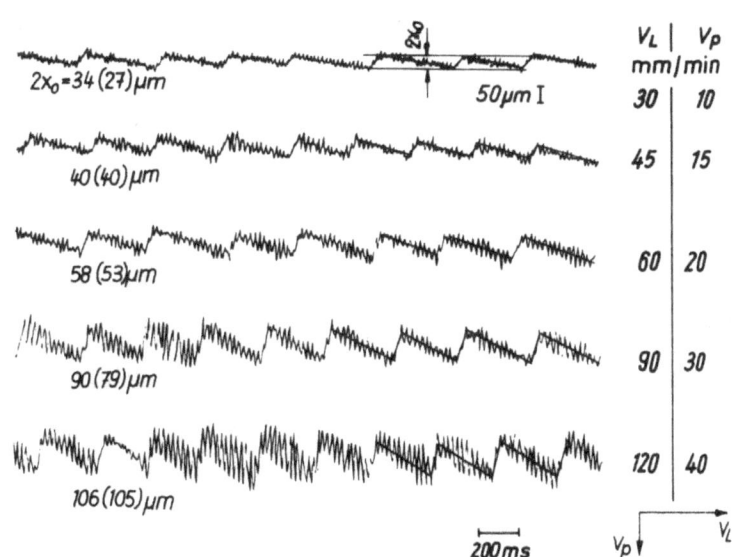

A b b i l d u n g 63

Relativbewegungen beim Nachformen eines 45° - Kegels
(Drehbank III)

Der Nachfahrfehler setzt sich zusammen aus dem Lagefehler und der Amplitude x_{o1} der Arbeitsbewegung, die innerhalb der Schablonenkontur liegt. Eine Halbierung der Doppelamplitude $2x_o$ ist nicht ohne weiteres möglich, da die Größe der Amplituden x_{o1} und x_{o2} durch ihre Abhängigkeit von dem Konturneigungswinkel und den Totzeiten unterschiedlich sein kann.

Außerdem ist die Amplitude von der Nachfahrrichtung - einwärts oder auswärts kopieren - abhängig. Man erhält für die in Abbildung 56 festgelegten Quadranten, d.h. für die verschiedenen Nachfahrrichtungen

$$x_{o1} = T_{ta} \cdot v_l \frac{\sin(\beta - \alpha)}{\cos\beta} \qquad \alpha < \beta \text{ für den I. u. III. Quadranten}$$

$$x_{o1} = T_{te} \cdot v_l \cdot \sin\alpha \qquad \alpha > \beta \text{ für den II. u. IV. Quadranten}$$

$$x_{o1} = T_{te} \cdot v_p \cos\alpha \qquad \alpha > \beta \text{ für den I. u. III. Quadranten}$$

$$x_{o1} = T_{ta} \cdot v_p \frac{\sin(\alpha - \beta)}{\sin\beta} \qquad \alpha < \beta \text{ für den II. u. IV. Quadranten}$$

Diese Abhängigkeit von der Ein- und Ausschalttotzeit wird bei einer Bezugsform, deren Winkel ein- und auswärts nachzufahren sind, einen unterschiedlichen Fehler ergeben. Beträgt der Winkel $\beta = 45°$ und sind die Totzeiten gleich, so hängt die Arbeitsamplitude x_{o1} nur von dem Konturneigungswinkel ab und der durch die Arbeitsamplitude hervorgerufene relative Fehler ist am geringsten.

4.13 Einfluß der Störgrößen

Das Nachformsystem unterliegt Störgrößen, die das Verhalten des Regelkreises und damit den Lagefehler und die Schaltamplitude der Arbeitsbewegung beeinflussen können. Insbesondere treten folgende Störgrößen auf:

1. das Lastmoment, hervorgerufen durch den Zerspanungsvorgang
2. die Nachgiebigkeit der Bezugsform.

4.131 Lastmoment

Aus der in die Richtung der Vorschübe fallenden Rückkraft der bei der Zerspannung auftretenden Schnittkraft erhält man das Lastmoment, welches

an dem Stellglied auftritt. Die Schnittkraft wird nach KIENZLE [24] von
der Spanbreite und der Spandicke bestimmt, so daß sie von dem jeweiligen
Arbeitsprozeß abhängig ist. Die unterschiedliche Rückkraft, eine Komponente der Schnittkraft, beeinflußt die Totzeiten des Drehzahlverlaufes,
sofern sie der Bewegungsrichtung des Vorschubes entgegenwirkt. Eine von
der Rückkraft erzeugtes Gegenmoment für das Stellglied bewirkt eine
erhöhte Einschalttotzeit und eine Verringerung der Ausschalttotzeit.

Abbildung 64 zeigt die Meßergebnisse der Totzeiten in Abhängigkeit von
der in die Planrichtung fallenden Rückkraft bei Drehbank I. Ein Kraftmeßbügel, eingespannt zwischen Support und Drehbankbett, erzeugte die
Rückkräfte. Der offene Regelkreis wurde an der Fühlerspitze durch einen
Exzenter mit einer sinusförmigen Eingangsgröße x_a erregt. Die Totzeiten
der Richtungskupplung "plan rück" bleiben konstant, während die Einschalttotzeit der Richtungskupplung "plan vor" mit steigender Rückkraft zunimmt und die Ausschalttotzeit abfällt. Die Rückkraft wirkt
dieser Richtung entgegen, besitzt jedoch durch die selbsthemmende Mutter mit Spindel keinen Einfluß auf die Rückwärtskupplung. Mit diesem
Ergebnis ist der in Abbildung 65 gezeigte annähernd konstante Verlauf
der Ausgangsgröße x_a über der Rückkraft zu erklären, ein Ergebnis, welches jedoch nicht zu verallgemeinern ist, da es von dem Verlauf des
Kupplungsmomentes abhängig ist. Bei diesem Versuch wurde auch der Drehzahlabfall des Antriebsmotors, eines Gleichstrom-Nebenschlußmotors gemessen. Er betrug maximal 3 %. Ein zu hoher Drehzahlabfall während des
Beschleunigungsvorganges, hervorgerufen durch einen zu schwach ausgelegten Antriebsmotor und zu kleine Massen des dem Stellglied vorgelagerten Getriebes, würde eine Vergrößerung der Zeitkonstante der Übergangsfunktion der Drehzahl ergeben.

Die maximal auftretende Rückkraft beim Kopieren an der Drehbank I dürfte in der Praxis 300 kp nicht überschreiten. Das Stellglied kann ohne
weiteres das durch die Rückkraft erzeugte Moment verarbeiten, wenn auch
diese Störgröße die Amplitude x_{o1} und damit den Nachfahrfehler beeinflußt. Die Rückkraft wird außerdem durch die elastische Verformung der
Übertragungsglieder hinter dem Stellort oder durch Veränderungen der
nicht im Signalfluß liegenden Elemente den Nachformfehler der Drehbänke
beeinflussen. Die Untersuchungen des Nachfahrfehlers durch elastische
Verformungen der Glieder innerhalb des Signalflusses brachten bei den
durchgemessenen Drehbänken wegen des relativ geringen Einflusses keine

meßbaren Ergebnisse. Diese Abhängigkeit soll deshalb im Rahmen dieser Arbeit nicht gesondert betrachtet werden.

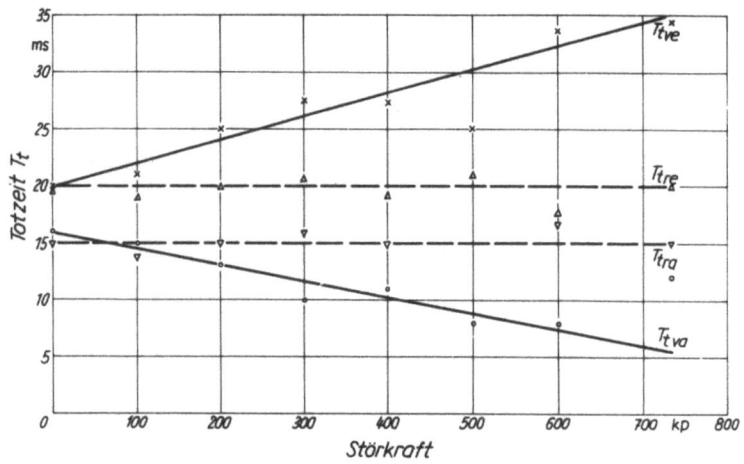

A b b i l d u n g 64

Abhängigkeit der Totzeit von der Rückkraft (Drehbank I)

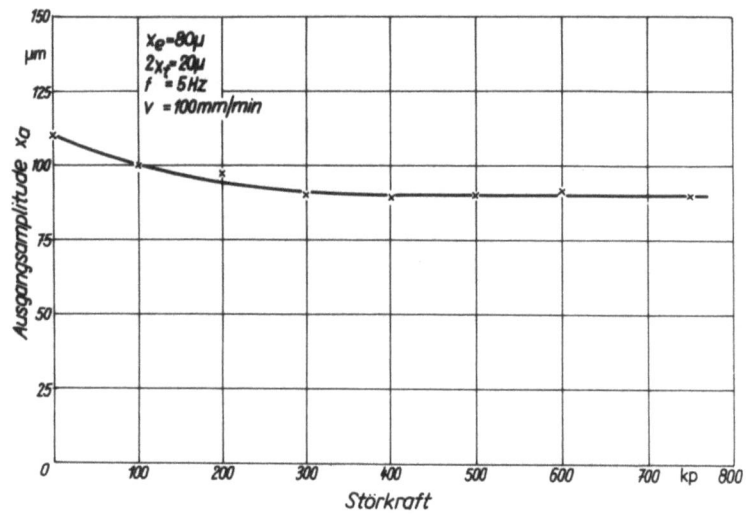

A b b i l d u n g 65

Abhängigkeit der Ausgangsamplitude eines offenen Regelkreises von der Rückkraft (Drehbank I)

4.132 Nachgiebigkeit der Bezugsform

Die Bezugsform ist mit einer Feder zu vergleichen, die sich unter der Fühlerauslenkkraft elastisch verformt. Dies bedeutet eine Verringerung der Führungsgröße und damit einen Lagefehler. Bei den meisten durchgemessenen Systemen waren die Schablone und ihre Halterung zu schwach ausgelegt; der mittlere Wert der Durchbiegung betrug bei Drehmaschine I und II 6 µm pro kp. Die Maschinen arbeiteten mit dem in Abbildung 5 gezeigten Fühler, der in seinem Arbeitsbereich eine Auslenkkraft zwischen 1,0 und 3,0 kp besitzt.

Die Relation der Federsteifigkeit der Bezugsform und des Fühlers soll so gewählt sein, daß die Abweichungen vom Sollwert vernachlässigbar gering sind und daß ein Prellen zwischen dem Fühler und der Bezugsform vermieden wird. Ist die Auslenkkraft des Fühlers gering, dann kann die Bezugsform und die Fühlerspitze aus ungehärtetem oder weichem Material angefertigt sein, weil auch dann der Verschleiß dieser Elemente klein bleibt.

Neben der Nachgiebigkeit der Schablone und ihrer Halterung ist das Resonanzverhalten von Bedeutung. Die Resonanzfrequenz muß höher liegen als die maximale Schaltfrequenz des Nachfahrsystemes, da sie sonst ebenfalls die Führungsgröße beeinflußt. Abbildung 66 zeigt die Resonanzfrequenzen des Systemes Schablone - Halterung an den Drehmaschinen I und II. Erregt wurde dieses System mit einem 1,5-kp-Wechselkrafterreger und der Amplitudenverlauf mit einem induktiven Wegaufnehmer gemessen. Bei diesen Maschinen liegen die Resonsfrequenzen höher als die maximal auftretenden Schaltfrequenzen.

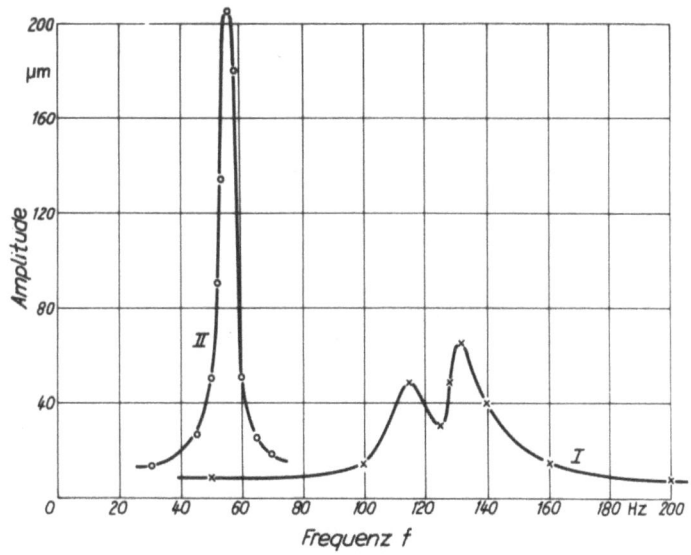

A b b i l d u n g   66
Resonanzfrequenzen von dem System Schablone-Halterung

4.2 Stabilität des Systemes

Bei dem Einsatz des Folgesystemes ist neben der Nachfahrgenauigkeit die Stabilität des Regelkreises von Interesse. In Verbindung mit einem Dreipunktregler treten keine Instabilitätsschwingungen auf, solange die Amplitude der Arbeitsbewegung kleiner ist als die Tote Zone des Fühlers. In Abbildung 67 ist die Kennlinie des Dreipunktreglers und die Arbeitsbewegung des Folgekreises für den Fall der Instabilität dargestellt. Der Dreipunktregler besitzt die drei Stellungen vor - halt - rück. Die mit "vor" und "rück" bezeichneten Schaltstellungen sind den beiden Richtungskupplungen der verschiedenen Vorschübe zugeordnet. Überschreitet der aus Zeitverzögerung und Vorschubgeschwindigkeit sich ergebende Weg die Tote Zone, so führt das periodische Einschalten beider Richtungskupplungen eines Vorschubes zu Instabilitätsschwingungen des Regelkreises. Die für unstetige Folgeregelkreise bekannte Stabilitätsbedingung [4, 6] vernachlässigt den Einfluß der Masse, der im folgenden mit berücksichtigt werden soll.

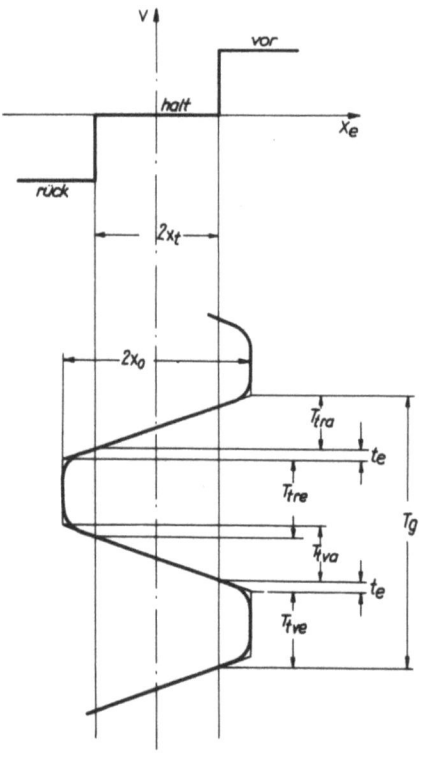

A b b i l d u n g 67
Instabilität bei Dreipunktreglern

4.21 Stabilitätskriterium

Für die Aufstellung des Stabilitätskriteriums des Folgeregelkreises wird der in Abbildung 2 gezeigte Signalflußplan zu der in Abbildung 68 gezeigten Form vereinfacht. Der Taster bildet das unstetige Glied, während die übrigen Elemente des Regelkreises zu einem integralen Glied mit Totzeit und Zeitkonstante zusammengefaßt sind.

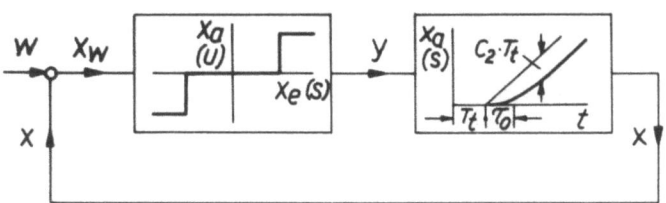

Abbildung 68
Vereinfachter Signalflußplan

Für die Stabilitätsbetrachtung ist es notwendig, die Beschreibungsfunktion des Tasters zu ermitteln. Bei sinusförmiger Eingangsgröße x_{eo} erhält man als Tasterausgangsgröße eine Rechteckfunktion mit der Amplitude $m = x_{ao}$. Diese Funktion wird durch die Grundschwingung der Fourierzerlegung mit der Amplitude

$$x_{ao} = \frac{4m}{\pi} \cos \arcsin \frac{x_t}{x_{eo}}$$

ersetzt. Abbildung 69 zeigt die Beschreibungsfunktionen N und ihre Kennlinienfelder für drei verschieden eingestellte Tote Zonen. Da die Ansprechempfindlichkeit des Tasters keine Phasenverschiebung verursacht, ist die Beschreibungsfunktion eine Doppellinie auf der reellen Achse. Mit zunehmender Toter Zone vergrößert man den Umkehrpunkt auf der reellen Achse, wie dies auch aus den Zahlenwerten des Kennlinienfeldes hervorgeht.

Nach OPPELT [4] kann man die Stabilitätsgrenze von derartigen unstetigen Systemen durch einen Schnittpunkt der Beschreibungsfunktion mit der von dem stetigen Glied gebildeten negativ inversen Ortskurve bestimmen.

Das integrale Glied mit Totzeit und einer Zeitkonstanten läßt sich bei der Verwendung der im Abschnitt 3.215 abgeleiteten Näherung und unter Voraussetzung von

$$T_t = T_{ta} = T_{te} \ ; \ \tau_o = \tau_2 = \tau_4$$

durch die Frequenzganggleichung

$$F = \frac{C_2}{p(1+\tau_{op})} \cdot e^{-pT_t} \quad \text{mit} \quad C_2 = \frac{n_E \cdot h}{x_t} \qquad (25)$$

beschreiben.

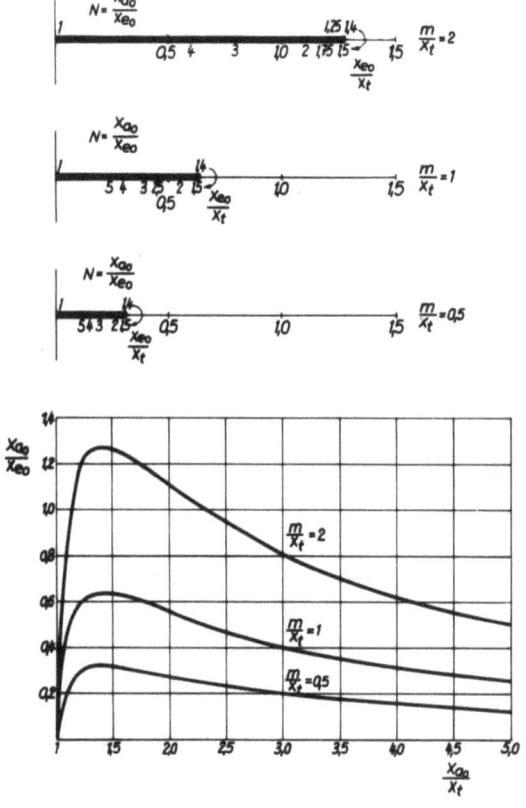

Abbildung 69
Beschreibungsfunktionen

Die negativ inverse Ortskurve dieser Frequenzganggleichung ist in Abbildung 70 für verschiedene Systemwerte der Gleichung (25) dargestellt. Durch eine Vergrößerung der Übertragungskonstanten C_2, der Totzeit und der Zeitkonstanten schneidet die Ortskurve die reelle Achse bei kleineren Werten. Dieser Schnittpunkt ist der kritische Punkt P_K für die Stabilität des Systemes. Erreicht oder durchläuft die Beschreibungsfunktion diesen Punkt, so treten Instabilitätsschwingungen auf.

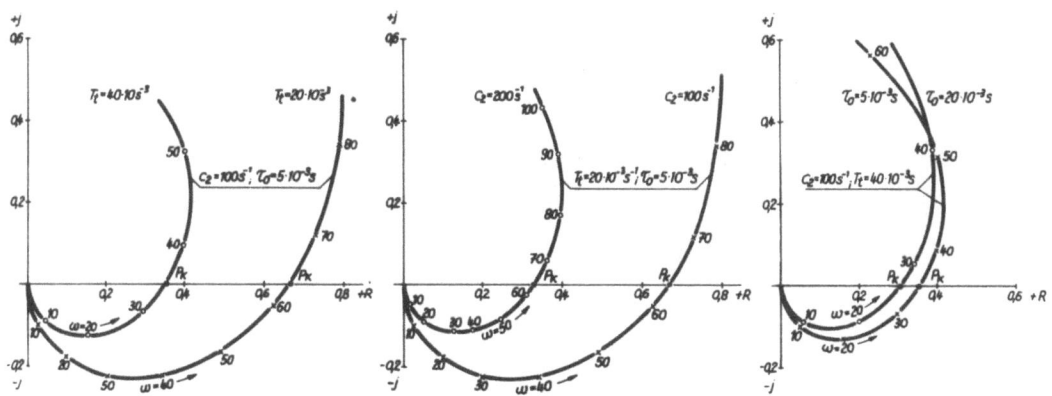

A b b i l d u n g 70

Negativ inverse Ortskurven für verschiedene Übertragungskonstanten C_2, Totzeiten T_t und Zeitkonstanten τ_o

Aus der Gleichung der negativ inversen Ortskurve

$$-\frac{1}{F} = \frac{\omega}{C_2}\left(\omega\tau_o \cos\omega\, T_t + \sin\omega\, T_t\right) + j\frac{\omega}{C_2}\left(\omega\tau_o \sin\omega\, T_t - \cos\omega\, T_t\right) \qquad (26)$$

erhält man die Bedingung für den Schnittpunkt mit der reellen Achse

$$\tau_o \omega = \operatorname{ctg} \omega\, T_t \quad .$$

Dieser Ausdruck kann unter der Voraussetzung $\tau_o < T_t$ durch eine Gerade

$$\tau_o \omega = \operatorname{ctg} \omega\, T_t = \frac{\pi}{2} - \omega\, T_t$$

angenähert werden, da der Winkel der ctg-Funktion für die bei den Folgesystemen auftretenden Werte stets so groß ist, daß eine gute Näherung gegeben ist. Für $\tau_o < 0,25\, T_t$ ist der Fehler kleiner als 2 %.

Setzt man die Gleichung (27) in Gleichung (26) für die negativ inverse Ortskurve ein, so erhält man als Stabilitätskriterium

$$2,47\, x_t \geqq n_E \cdot h \left(T_t + \frac{\Theta \pi n_E}{M_{s_n}}\right) \quad .$$

Berücksichtigt man den durch die Näherung für die Ausgangsgröße des Tasters gemachten Fehler, so ist

$$2x_t \geqq v\,(T_t + \tau_o) \quad .$$

Seite 93

Diese Bedingung muß erfüllt sein, damit das System nicht schwingt. Abbildung 71 zeigt die Stabilitätsgrenze für das System; der Umkehrpunkt der Beschreibungsfunktion liegt im kritischen Punkt P_K.

Ist die Tote Zone des Fühlers fest eingestellt und die Vorschubgeschwindigkeit durch den Bearbeitungsvorgang vorgegeben, so ist die Stabilität durch die Totzeit und die Zeitkonstante bestimmt, wobei sich der Einfluß der Masse instabilisierend auswirkt.

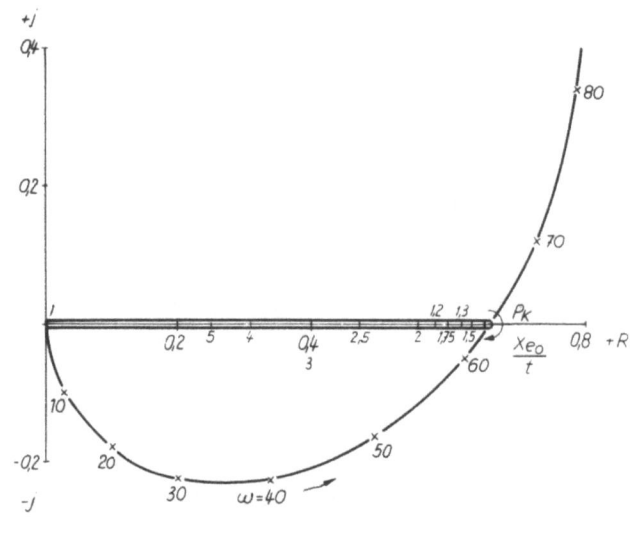

Abbildung 71

Stabilitätsgrenze für unstetige Folgeregelkreise

Für die Ableitung der Stabilitätsbedingung wurden gleiche Totzeiten angenommen. Sind diese unterschiedlich, so ist aus der Darstellung in Abbildung 67 zu entnehmen, daß für die Instabilität die Ausschalttotzeit maßgebend und in diesem Falle in Gleichung (28) einzusetzen ist.

Die Ergebnisse der Messungen der Stabilitätsgrenze an der Drehmaschine I und II sind in Abbildung 72 dargestellt. Die gestrichelt eingetragenen Kurven sind nach Gleichung (28) rechnerisch ermittelt.

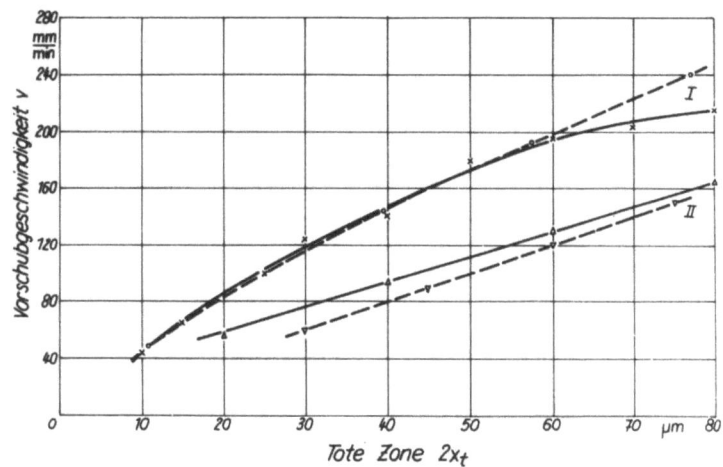

Abbildung 72
Stabilitätsgrenze für Drehbank I und Drehbank II

4.3 Fragen der Optimierung des Systemes

4.31 Selbsttätige Einstellung der Fühleransprechempfindlichkeit und der Toten Zone

Für die Größe der Vorschubgeschwindigkeit sind bei den verschiedenen Bearbeitungsverfahren neben den Eigenschaften des Werkzeuges und des zu bearbeitenden Werkstoffes vor allem fertigungstechnische Gesichtspunkte bestimmend. Aus diesen Gründen wird z.B. die Vorschubgeschwindigkeit für den Schruppschnitt meistens höher gewählt als beim Schlichtschnitt. Die Vorschubgeschwindigkeiten können also bei den verschiedenen Bearbeitungsbedingungen recht unterschiedlich sein.

Um im Stabilitätsgebiet des Folgesystemes zu arbeiten, ist die bei Kontaktfühlern meistens fest eingestellte Tote Zone für die größte Vorschubgeschwindigkeit, bei dem das System kopieren soll, auszulegen. Für kleine Vorschubgeschwindigkeiten ist somit die Tote Zone und teilweise auch die Ansprechempfindlichkeit zu groß und verursacht einen unnötig großen Lagefehler. Bei der Verwendung eines stetig arbeitenden Fühlers kann die Einstellung der Ansprechempfindlichkeit und der Toten Zone an dem auf den Fühler folgenden Verstärker durch Änderung des Verstärkungsfaktors (Abb. 13) erfolgen. Wird das den Verstärkungsfaktor beeinflussende Verstellelement (a in Abb. 73) mit dem der Vorschubgeschwindigkeit (b in Abb. 73) mechanisch oder elektrisch verbunden, so ändert sich die Ansprechempfindlichkeit und die Tote Zone, deren Größe nach der Stabilitätsbedingung zu bemessen ist, proportional mit der Vorschubgeschwindigkeit. Dies hat den Vorteil, daß beim Schlichtschnitt der von der Toten Zone und der Ansprechempfindlichkeit abhängende Lagefehler minimal wird und daß Instabilitätsschwingungen nicht möglich sind.

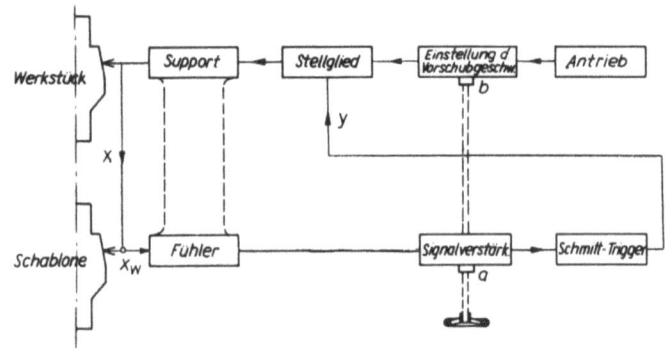

A b b i l d u n g 73

Einstellung der Toten Zone in Abhängigkeit von der Vorschubgeschwindigkeit

4.32 Tangentenverfahren

Unter dem Namen Tangentenverfahren [25] ist die in Abbildung 74 gezeigte vermaschte Regelung bekannt. In dem unstetigen Regelkreis erhalten die Richtungskupplungen der einzelnen Koordinaten in der üblichen Weise das Stellsignal vom Fühler. In einem zweiten Regelkreis wird das Fühlerstellsignal zusätzlich auf einen Tangentenrechner gegeben. Seine Ausgangsgröße verändert die Drehzahl der Vorschubmotoren der einzelnen Koordinaten so, daß sich eine resultierende Vorschubgeschwindigkeit einstellt, die im Bearbeitungspunkt die Tangente an das Werkstück bzw. die Bezugsform bildet. Bei der Verwendung eines stetigen, richtungsempfindlichen Fühlersystems lassen sich die Vorschubmotoren direkt mit Hilfe der Spannung der phasenempfindlichen Brücke in ihrer Drehzahl steuern.

Die Drehzahl-Übergangsfunktion der Vorschubmotoren besitzt jedoch eine Zeitkonstante, die größer ist als die Totzeit der entsprechenden Elektromagnet-Kupplungen. Eine Regelabweichung wird also innerhalb dieser Zeitkonstanten von den Kupplungen ausgeglichen.

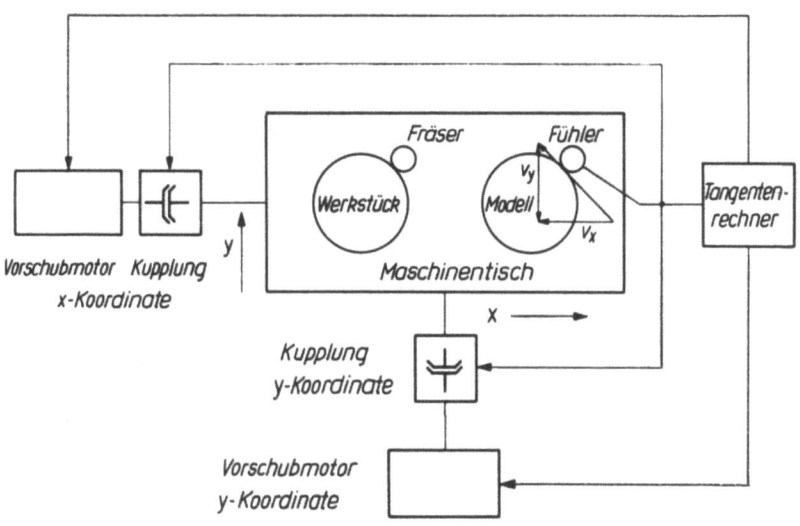

Abbildung 74
Schema einer Tangenten-Nachformeinrichtung

Verwendet man Vorschubmotoren, deren eigenes und abtriebsseitiges Trägheitsmoment gering ist, so kann man dieses aufwendige Nachformsystem nur an den Maschinen zur Verringerung der Schaltamplitude einsetzen, bei denen die zeitliche Änderung des Konturneigungswinkels gering ist. Dies bedeutet, daß Bezugsformen entweder mit relativ großen Vorschubgeschwindigkeiten bei einer geringen Wegänderung der Kontur oder bei größeren Änderungen des Konturneigungswinkels mit relativ kleinen Vorschubgeschwindigkeiten nachzufahren sind. Diese Voraussetzungen sind jedoch nur bei schweren Werkzeugmaschinen (z.B. großen Horizontalfräsmaschinen) teilweise gegeben.

5. Schlußbetrachtung

Das Regelverhalten von unstetigen elektromechanischen Folgeregelkreisen ist wegen der Unstetigkeiten rechnerisch exakt nicht zu erfassen. Für den Drehzahlübergang wurde eine einfache Näherungsfunktion angegeben, um mit Hilfe der bekannten Methoden der Regelungstheorie das Stabilitätskriterium für derartige Systeme aufzustellen. Dieses ist bestimmt durch die Totzeit, die Vorschubgeschwindigkeit und die aus dem Einfluß der Masse entstehenden Zeitkonstante, sowie durch die Tote Zone.

Eine Vergrößerung der Toten Zone erweitert zwar den Stabilitätsbereich des Systems, vergrößert aber auch gleichzeitig seine Ansprechempfindlichkeit und damit den Nachfahrfehler. Eine Verminderung der Vorschubgeschwindigkeit führt auch zu einer erhöhten Stabilität, sie ist jedoch aus fertigungstechnischen Gründen möglichst hoch zu wählen. Eine Herabsetzung der Totzeit und der Zeitkonstante ermöglicht die Wahl einer höheren Vorschubgeschwindigkeit und einer kleinen Toten Zone. Die Maßnahme wirkt sich nicht nur für die Stabilität günstig aus, sondern verringert auch die aus dem Führungsverhalten abgeleitete Größe der Schaltamplitude der Arbeitsbewegung. Die Schaltamplitude ist außer der Tot- und Verzögerungszeit von dem Konturneigungswinkel und von den Vorschubgeschwindigkeiten und ihrem Verhältnis abhängig. Die Größe der Schaltamplitude verursacht über der gesamten Kontur dann den geringsten relativen Fehler, wenn die Vorschubgeschwindigkeiten und die Ein- und Ausschalttotzeiten gleich sind.

Die Untersuchungen der Stabilität und des Führungsverhaltens haben gezeigt, daß die Totzeit die wichtigste Systemgröße von unstetigen elektromechanischen Folgeregelkreisen ist. Es wurden deshalb das Übergangsverhalten der zeitbestimmenden Elemente dieser Systeme, das Stellglied und der Signalverstärker, untersucht. Aus dem elektrischen Ersatzschaubild des magnetischen Kreises der Kupplungen lassen sich die Einflußgrößen ableiten, die eine Verzögerung des Überganges des magnetischen Flusses und damit der im Luftspalt erzeugten Kraft bewirken. Das Übergangsverhalten der Axialkraft, die die kraftschlüssige Verbindung der Reibungskupplungen herstellt, ist von dem Quadrat der Übergangsfunktion des Stromes abhängig. Der sich hieraus ergebende Momentenverlauf ist durch die Wahl der Reibungskoeffizienten bestimmt. Magnetisch nicht durchflutete Lamellenkupplungen mit der Reibpaarung Kunststoff gegen Stahl im Trockenverlauf oder bei Tropfschmierung besitzen bei einem entsprechend dimensionierten Magnetkreis das steilste Momenten-Übergangsverhalten. Zahlreiche Messungen an verschiedenen Kupplungen ergaben ferner, daß eine fünffache Schnellerregung der Kupplungsspule und die Verwendung von spannungsabhängigen Widerständen für den Abschaltvorgang die günstigsten Maßnahmen sind, um die Steilheit des Momentenverlaufes zu vergrößern und die Ansprechzeit der Kupplung zu verringern.

Das aus Meßergebnissen an verschiedenen Baureihen von Reibungskupplungen gefundene Wachstumsgesetz der Schaltzeiten in Abhängigkeit der Baugröße, ermöglicht die Ableitung einer Beziehung zur Bestimmung des Nennmomentes für die kürzeste Beschleunigung einer Schwungmasse. Befindet sich die Schaltkupplung auf einer Welle, die schneller läuft als die Vorschubspindel, so nimmt mit zunehmender Drehzahlübersetzung die Gesamtzeit für den Beschleunigungsvorgang ab. Für das Zeitverhalten beim Abschalten erweist sich eine Bremse mit einem Moment von 0,3 bis 0,5 M_{sn} günstig.

Auch die Signalverstärker können eine Totzeit haben. Die Verwendung von Leistungstransistoren als Signalverstärker ist möglich und vor allem dann vorteilhaft, wenn der prozentuale Anteil der Relaistotzeiten an der Gesamttotzeit relativ hoch ist.

Der Nachfahrfehler von Folgesystemen setzt sich aus der Schaltamplitude, der Arbeitsbewegung und dem Lagefehler zusammen. Der Lagefehler entsteht durch den funktionsnotwendigen Auslenkweg des Kontaktfühlers. Die Hysterese und die Ansprechempfindlichkeit, die bei einigen Tastern auch noch richtungsabhängig sind, vergrößern den Lagefehler, ein Prellen der Kontakte die Totzeit. Es wurde ein stetig arbeitender Fühler mit nachgeschalteten Analog-Digital-Umsetzer entwickelt, der diese Fehler der Kontaktfühler nicht besitzt. Durch seine selbsttätige Quadrantenumschaltung wird der notwendige Auslenkweg und damit der Lagefehler verringert. Die Einstellung seiner Ansprechempfindlichkeit kann über den Verstärkungsfaktor des Verstärkers der Fühlerausgangsspannung erfolgen. Ist die Einstellung der Vorschubgeschwindigkeit und die des Verstärkungsfaktors mechanisch oder elektrisch gekoppelt, so ist die minimal mögliche Ansprechempfindlichkeit des Systems eingestellt und es können keine Instabilitätsschwingungen auftreten.

Diese Untersuchung soll einen Beitrag zu den systematischen Untersuchungen und den theoretischen Behandlungen der unstetigen elektromechanischen Nachformeinrichtungen und ihrer Bauelemente liefern. Es wurde gezeigt, welches Verhalten derartige Systeme besitzen und durch welche Maßnahmen die Nachfahrgenauigkeit und die Stabilität vergrößert werden kann.

Prof. Dr.-Ing. Dr. h.c. H. Opitz
Dipl.-Ing. H. Herold

6. Literaturverzeichnis

[1] GOLDSCHE, J. Die Praxis des Nachformfräsens
Das Industrieblatt, Heft 1 (1959),
Heft 2 (1960)

[2] VOGT, H.J. Die Nachfahrgenauigkeit von Fühlersteuerungen für das Nachformfräsen
Diss. T.H. Hannover, 1958

[3] SCHÄFER, O. Grundlagen der selbsttätigen Regelung
Franzis-Verlag, München, 2. Aufl. 1957

[4] OPPELT, W. Kleines Handbuch Technischer Regelvorgänge
3. Aufl. 1960, Verlag Chemie GmbH.
Weinheim / Bergstr.

[5] SALLWEY, F. Nachformfräsen mit elektrohydraulischer Steuerung
Der Maschinenmarkt 61 (1955), Heft 4

[6] BACKÉ, W. Untersuchungen an stetigen und unstetigen Nachformsystemen für Drehmaschinen
Diss. T.H. Aachen, 1959

[7] SELIG, H. Elektromagnetisch und druckölgeschaltete Lamellen-Kupplungen
Techn. Mittl. Haus d. Techn. Essen 51
(1958), Vulkan-Verlag, Nr. 8

[8] STÖFERLE, Th. Untersuchungen an Reibscheibenkupplungen
Diss. T.H. Stuttgart, 1956

[9] KOLLMANN, K. Grenzen der Drehmomenten- und Leistungsübertragung bei Riementrieben, Kettentrieben und Kupplungen
Vieweg & Sohn, Braunschweig 1954

[10] KOLLMANN, K. Das Verhalten von Reibungskupplungen
Techn. Mittl. Haus d. Techn. Essen 51
(1958), Vulkan-Verlag Nr. 8

[11] NITSCHE, C. Die Schaltvorgänge bei Elektromagnet-
Lamellenkupplungen und ihre Beein-
flussung durch Formgebung der Lamellen
Konstruktion, Heft 8, 1955,
Springer-Verlag

[12] OPITZ, H. und H.H. HEROLD Untersuchungen von elektromechanischen
Schaltelementen
Forschungsbericht des Landes Nordrhein-
Westfalen Nr. 809, 1960, Westdeutscher
Verlag, Köln und Opladen

[13] MAAS, N. Das dynamische Verhalten von Lastschaltgetrieben
Diss. T.H. Aachen, 1959

[14] BAUMANN, W. Konstruktionsmerkmale und Auswahl von
schleifringlosen Elektromagnet-Lamellenkupplungen
Werkstatt und Betrieb, Heft 5, 1958

[15] STÜBCHEN, W. Elektromagnetisch betätigte Kupplungen in Werkzeugmaschinen
VDI-Zeitschrift, 100 (1958) Heft 33

[16] HEROLD, H.H. Kennwerte von Hilfsrelais, Elektromagnetkupplungen und Zeitrelais
Werkstattstechnik, Heft 7, 1960

[17] POKORNY, J. Untersuchung der Reibungsvorgänge in
Kupplungen mit Reibscheiben aus Stahl
und Sintermetall
Diss. T.H. Stuttgart, 1960

[18] NITSCHE, C. — Schnelles Schalten mit Elektromagnet-Lamellenkupplungen
Das Industrieblatt, Heft 12, 1958

[19] HEROLD, H.H. — Streuungen der Schaltzeiten von Elektromagnet-Lamellenkupplungen
Industrie-Anzeiger, Nr. 98, 1960

[20] HERTTER, O. — Elektrische Nachformeinrichtungen für Werkzeugmaschinen
VDI-Zeitschrift, 100 (1958), Heft 33

[21] BENEKING, H. — Der heutige Stand der Transistortechnik und deren Anwendung
Elektro-Anzeiger, Nr. 30/31, 1959

[22] WEITZSCH, F. — Zur Belastbarkeit von Transistoren bei intermittierendem Betrieb
Valvo Berichte, Band VI, Heft 1, 1960

[23] FRITZSCHE, W. — Der Transistor als Schalter
AEG-Mitteilungen, Heft 1/2, 1960

[24] KIENZLE, O. und H. VICTOR — Einfluß der Wärmebehandlung von Stählen auf die Hauptschnittkraft beim Drehen
Stahl und Eisen, 74, 1954

[25] STUTE, H. — Unveröffentlichtes Manuskript

FORSCHUNGSBERICHTE
DES LANDES NORDRHEIN-WESTFALEN

Herausgegeben
im Auftrage des Ministerpräsidenten Dr. Franz Meyers
von Staatssekretär Professor Dr. h. c., Dr. E. h. Leo Brandt

MASCHINENBAU

HEFT 45
Losenhausenwerk Düsseldorfer Maschinenbau AG, Düsseldorf
Untersuchungen von störenden Einflüssen auf die Lastgrenzenanzeige von Dauerschwingprüfmaschinen
1953, 36 Seiten, 11 Abb., 3 Tabellen, DM 7,25

HEFT 77
Meteor Apparatebau Paul Schmeck GmbH, Siegen
Entwicklung von Leuchtstoffröhren hoher Leistung
1954, 46 Seiten, 12 Abb., 2 Tabellen, DM 9,15

HEFT 100
Prof. Dr.-Ing. H. Opitz, Aachen
Untersuchungen von elektrischen Antrieben, Steuerungen und Regelungen an Werkzeugmaschinen
1955, 166 Seiten, 71 Abb., 3 Tabellen, DM 31,30

HEFT 136
Dipl.-Phys. P. Pilz, Remscheid
Über spezielle Probleme der Zerkleinerungstechnik von Weichstoffen
1955, 58 Seiten, 19 Abb., 2 Tabellen, DM 11,50

HEFT 147
Dr.-Ing. W. Rudisch, Unna
Untersuchung einer drehelastischen Elektromagnet-Synchronkupplung
1955, 82 Seiten, 65 Abb., DM 17,70

HEFT 183
Dr. W. Bornheim, Köln
Entwicklungsarbeiten an Flaschen- und Ampullen-Behandlungsmaschinen für die pharmazeutische Industrie
1956, 48 Seiten, 24 Abb., DM 11,70

HEFT 212
Dipl.-Ing. H. Spodig, Selm
Untersuchung zur Anwendung der Dauermagnete in der Technik
1955, 44 Seiten, 25 Abb., DM 9,80

HEFT 295
Prof. Dr.-Ing. H. Opitz und Dipl.-Ing. H. Axer, Aachen
Untersuchung und Weiterentwicklung neuartiger elektrischer Bearbeitungsverfahren
1956, 42 Seiten, 27 Abb., DM 10,30

HEFT 298
Prof. Dr.-Ing. E. Oehler, Aachen
Untersuchung von kritischen Drehzahlen, die durch Kreiselmomente verursacht werden
1956, 50 Seiten, 35 Abb., DM 13,15

HEFT 384
Prof. Dr.-Ing. H. Opitz, Aachen
Schwingungsuntersuchungen an Werkzeugmaschinen
1958, 66 Seiten, 73 Abb., DM 20,40

HEFT 412
Prof. Dr.-Ing. H. Opitz, Aachen
Kennwerte und Leistungsbedarf für Werkzeugmaschinengetriebe
1958, 72 Seiten, 35 Abb., DM 17,20

HEFT 506
Prof. Dr.-Ing. W. Meyer zur Capellen, Aachen
Der Flächeninhalt von Koppelkurven. Ein Beitrag zu ihrem Formenwandel
1958, 74 Seiten, 26 Abb., DM 21,50

HEFT 533
Prof. Dr.-Ing. H. Opitz und Dipl.-Ing. W. Hölken, Aachen
Untersuchung von Ratterschwingungen an Drehbänken
1958, 70 Seiten, 44 Abb., 2 Tabellen, DM 19,70

HEFT 606
Oberbaurat Prof. Dr.-Ing. W. Meyer zur Capellen, Aachen
Eine Getriebegruppe mit stationärem Geschwindigkeitsverlauf
1958, 34 Seiten, 21 Abb., DM 10,50

HEFT 631
Dr. E. Wedekind, Krefeld
Der Einfluß der Automatisierung auf die Struktur der Maschinen- und Arbeiterzeiten am mehrstelligen Arbeitsplatz in der Textilindustrie
1958, 72 Seiten, 32 Abb., 8 Tabellen, DM 21,10

HEFT 667
Prof. Dr.-Ing. H. Opitz und Dipl.-Ing. H. de Jong, Aachen
Schwingungs- und Geräuschuntersuchungen an ortsfesten Getrieben
1959, 32 Seiten, 28 Abb., 2 Tabellen, DM 10,30

HEFT 668
Prof. Dr.-Ing. H. Opitz, Dipl.-Ing. G. Ostermann und Dipl.-Ing. M. Gappisch, Aachen
Beobachtungen über den Verschleiß an Hartmetallwerkzeugen
1958, 38 Seiten, 26 Abb., DM 12,—

HEFT 669
Prof. Dr.-Ing. H. Opitz, Dipl.-Ing. H. Uhrmeister und Dipl-Ing. K. Jüstel, Aachen
Aufbau und Wirkungsweise einer Magnetbandsteuerung
1958, 50 Seiten, 39 Abb., DM 15,—

HEFT 670
Prof. Dr.-Ing. H. Opitz und Dipl.-Ing. W. Backé, Aachen
Untersuchung von Kopiersteuerungen
1959, 70 Seiten, 54 Abb., DM 18,80

HEFT 671
Prof. Dr.-Ing. H. Opitz, Dr.-Ing. R. Piekenbrink und Dipl.-Ing. K. Honrath, Aachen
Untersuchungen an Werkzeugmaschinenelementen
1959, 70 Seiten, 71 Abb., DM 20,—

HEFT 672
Prof. Dr.-Ing. H. Opitz, Dipl.-Ing. H. Heiermann und Dipl.-Ing. B. Rupprecht, Aachen
Untersuchungen beim Innenrundschleifen
1959, 34 Seiten, 50 Abb., DM 11,50

HEFT 673
Prof. Dr.-Ing. H. Opitz, Dipl.-Ing. H. Obrig und Dipl.-Ing. K. Ganser, Aachen
Die Bearbeitung von Werkzeugstoffen durch funkenerosives Senken
1959, 60 Seiten, 41 Abb., 1 Tabelle, DM 18,—

HEFT 676
Prof. Dr.-Ing. W. Meyer zur Capellen, Aachen
Harmonische Analyse bei Kurbeltrieben.
I. Allgemeine Zusammenhänge
1959, 38 Seiten, 10 Abb., DM 11,50

HEFT 695
Dr.-Ing. W. Herding, München
Die Fahrdynamik und das Arbeitsspiel gleisloser Erdbaugeräte als Kalkulationsgrundlage für die Bodenförderung und ihre Kosten
1960, 178 Seiten, 89 Abb., 18 Tabellen, DM 49,—

HEFT 718
Prof. Dr.-Ing. W. Meyer zur Capellen, Aachen
Die geschränkte Kurbelschleife
I. Die Bewegungsverhältnisse
1959, 110 Seiten, 54 Abb., DM 29,20

HEFT 764
Prof. Dr.-Ing. H. Opitz, Dr.-Ing. H. Siebel und Dipl.-Ing. R. Fleck, Aachen
Keramische Schneidstoffe
1959, 30 Seiten, 18 Abb., DM 9,80

HEFT 772
Prof. Dr.-Ing. W. Meyer zur Capellen, Aachen
Nomogramme zur geneigten Sinuslinie
1959, 28 Seiten, 11 Abb., DM 8,50

HEFT 775
Prof. Dr.-Ing. H. Opitz, Aachen
Automatische Erfassung der Maßabweichung der Werkstücke zum Zweck der selbständigen Korrektur der Maschine
1959, 38 Seiten, 27 Abb., DM 11,40

HEFT 777
Prof. Dr.-Ing. H. Opitz und Dipl.-Ing. P.-H. Brammertz, Aachen
Werkstückgüte und Fertigkeitskosten beim Innen-Feindrehen und Außenrund-Einsteckschleifen
1959, 92 Seiten, 68 Abb., DM 25,30

HEFT 788
Prof. Dr.-Ing. H. Opitz, Aachen
Der Einsatz radioaktiver Isotope bei Zerspanungsuntersuchungen
1959, 36 Seiten, 23 Abb., DM 11,30

HEFT 794
Dipl.-Ing. Reinhard Wilken, Düsseldorf
Das Biegen von Innenborden mit Stempeln
1959, 82 Seiten, DM 22,40

HEFT 801
Baurat Dipl.-Ing. Gesell, Duisburg
Ersatz von Quarzsand als Strahlmittel
1960, 66 Seiten, 12 Abb., 4 Tabellen, 17 Diagramme, DM 18,90

HEFT 803
Prof. Dr.-Ing. W. Meyer zur Capellen und Dipl.-Ing. E. Lenk, Aachen
Harmonische Analyse bei Kurbeltrieben. Teil II: Gleichschenklige Getriebe
1960, 69 Seiten, 15 Abb., DM 18,40

HEFT 804
Prof. Dr.-Ing. W. Meyer zur Capellen und Dipl.-Ing. W. Rath, Aachen
Die geschränkte Kurbelschleife. Teil II: Die Harmonische Analyse
1960, 66 Seiten, 14 Abb., DM 18,90

HEFT 806
Prof. Dr.-Ing. H. Opitz u. a., Aachen
Untersuchungen von Zahnradgetrieben und Zahnradbearbeitungsmaschinen
1960, 95 Seiten, 81 Abb., DM 29,30

HEFT 809
Prof. Dr.-Ing. H. Opitz und Dipl.-Ing. H. H. Herold, Aachen
Untersuchung von elektro-mechanischen Schaltelementen
1960, 35 Seiten, 16 Abb., DM 11,—

HEFT 810
Prof. Dr.-Ing. H. Opitz und Dr.-Ing. N. Maas, Aachen
Das dynamische Verhalten von Lastschaltgetrieben
1960, 97 Seiten, 77 Abb., DM 29,50

HEFT 811
Prof. Dr.-Ing. H. Opitz und Dipl.-Ing. H. Bürklin, Aachen, Fa. Schoppe & Faeser, Minden, bearbeitet im Auftrage des Forschungsinstitutes für Rationalisierung in Aachen
Über Weggeber für automatisch gesteuerte Arbeitsmaschinen
1960, 93 Seiten, 79 Abb., DM 27,70

HEFT 820
Prof. Dr.-Ing. H. Opitz, Dipl.-Ing. H. Rohde und Dipl.-Ing. W. König, Aachen
Untersuchungen der Spanformung durch Spanbrecher beim Drehen mit Hartmetallwerkzeugen
1960, 35 Seiten, 16 Abb., DM 15,80

HEFT 830
Prof. Dr.-Ing. H. Opitz und Dipl.-Ing. W. Backé, Aachen
Automatisierung des Arbeitsablaufes in der spanabhebenden Fertigung
1960, 43 Seiten, 39 Abb., DM 14,60

HEFT 831
Prof. Dr.-Ing. H. Opitz, Dr.-Ing. H.-G. Rohs und Dr.-Ing. G. Stute, Aachen
Statistische Untersuchungen über die Ausnutzung von Werkzeugmaschinen in der Einzel- und Massenfertigung
1960, 38 Seiten, 32 Abb., DM 13,—

HEFT 835
Prof. Dr.-Ing. Walther Meyer zur Capellen, Lehrstuhl für Getriebelehre an der Technischen Hochschule, Aachen
Die harmonische Analyse von zykloidengesteuerten Schleifen

HEFT 864
Prof. Dr.-Ing. H. Opitz, Aachen
Funkenarbeit und Bearbeitungsergebnis bei der funkenerosiven Bearbeitung
1960, 44 Seiten, 19 Abb., DM 13,10

HEFT 873
Prof. Dr.-Ing. W. Meyer zur Capellen und Dipl.-Ing. W. Rath, Aachen
Kinematik der sphärischen Schubkurbel
1960, 38 Seiten, 13 Abb., DM 11,20

HEFT 887
Baurat Dipl.-Ing. W. Gesell, Duisburg
Arbeiten mit Preß-Formmaschinen unter Normal-Bedingungen und bei hohen spezifischen Preßdrucken
1960, 140 Seiten, 108 Abb., 11 Tabellen, DM 42,—

HEFT 898
Prof. Dr.-Ing. H. Opitz und H. de Jong, Aachen
Untersuchung von Zahnradgetrieben und Zahnradbearbeitungsmaschinen in Zusammenarbeit mit der Industrie
1960, 58 Seiten, 52 Abb., DM 19,20

HEFT 900
Prof. Dr.-Ing. H. Opitz und Dr.-Ing. J. Bielefeld, Aachen
Automatisierung der Werkzeugmaschine für die spanabhebende Bearbeitung
1960, 74 Seiten, 55 Abb., DM 21,—

HEFT 901
Prof. Dr.-Ing. H. Opitz, Dr.-Ing. J. Bielefeld und Dipl.-Ing. W. Kalkert, Aachen
Lebensdauerprüfung von Zahnradgetrieben
1960, 54 Seiten, 46 Abb., DM 17,30

HEFT 908
Dr.-Ing. W. Dettmering, Institut für Turbomaschinen der Technischen Hochschule Aachen
Experimentelle Untersuchungen an einer axialen Turbinenstufe
1960, 180 Seiten, 116 Abb., 16 Tabellen, DM 50,80

HEFT 914
Baurat Dipl.-Ing. Waldemar Gesell, Staatl. Ingenieurschule für Maschinenwesen, Duisburg
Zu Fragen der Strahlmittelprüfung
1961, 188 Seiten, 78 Abb., DM 49.—

HEFT 923
Prof. Dr.-Ing. W. Meyer zur Capellen und Dipl.-Ing. Karl-Albert Ritschen, Lehrstuhl für Getriebelehre der Technischen Hochschule Aachen
Lagenzuordnungen an ebenen Viergelenkgetrieben in analytischer Darstellung. Eine Maßsynthese
1961, 84 Seiten, 29 Abb., DM 23,20

HEFT 928
Prof. Dr.-Ing. Herwart Opitz, Dipl.-Ing. Helmut Rohde und Dipl.-Ing. Wilfried König, Laboratorium für Werkzeugmaschinen und Betriebslehre an der Technischen Hochschule Aachen
Untersuchung des Räumvorganges
1961, 116 Seiten, 90 Abb., DM 36,10

HEFT 929
Prof. Dr.-Ing. Herwart Opitz, Laboratorium für Werkzeugmaschinen und Betriebslehre an der Technischen Hochschule Aachen
Richtwerte für das Fräsen von unlegierten und legierten Baustählen mit Hartmetall. — Teil III
1961, 64 Seiten, 57 Abb., 7 Tabellen, DM 21,30

HEFT 930
Prof. Dr.-Ing. Herwart Opitz und Dipl.-Ing. Rolf Umbach, Laboratorium für Werkzeugmaschinen und Betriebslehre an der Technischen Hochschule Aachen
Modellversuch zur dynamischen Versteifung von Werkzeugmaschinen durch Ankopplung gedämpfter Hilfsmassensysteme
1961, 18 Seiten, 30 Abb., DM 13,30

HEFT 931
Dipl.-Ing. H. G. Rachner, Institut für Maschinengestaltung und Maschinendynamik der Technischen Hochschule Aachen
Ein Beitrag zur Frage der Kettenradverzahnung
1961, 64 Seiten, 55 Abb., 2 Tabellen DM 19,30

HEFT 943
Dipl.-Ing. H. G. Rachner, Institut für Maschinengestaltung und Maschinendynamik der Technischen Hochschule Aachen
Die Drehschwingungen des Zweirad-Kettengetriebes bei innerer Erregung
1961, 98 Seiten, 68 Abb., DM 30,—

HEFT 949
Prof. Dr.-Ing. K. Leist †, Dipl.-Ing. Dieter Stojek und Dipl.-Ing. Manfred Pötke, Institut für Turbomaschinen der Technischen Hochschule Aachen
Verbesserung der Wirtschaftlichkeit von Gasturbinen durch Zwischenverbrennung innerhalb der Turbine und Versuche zu ihrer Verwirklichung
1961, 80 Seiten, 40 Abb., DM 30,10

HEFT 950
Prof. Dr.-Ing. K. Leist † und Dipl.-Ing. Oswald Thun, Institut für Turbomaschinen der Technischen Hochschule Aachen
Strömungsmessungen zur Ermittlung von Brennkammer-Ausbrenngraden
1961, 66 Seiten, 33 Abb., 6 Tabellen DM 19,90

HEFT 951
Prof. Dr.-Ing. K. Leist † und Dipl.-Ing. Oswald Thun, Institut für Turbomaschinen der Technischen Hochschule Aachen
Meßmethode bei Brennkammeruntersuchungen zur Ermittlung des Ausbrenngrades
1961, 64 Seiten, 10 Abb., 2 Tabellen, DM 19,20

HEFT 953
Prof. Dr.-Ing. K. Leist † und Dipl.-Ing. Heinrich Ostenrath, Institut für Turbomaschinen der Technischen Hochschule Aachen
Betriebsverhalten einer Versuchsgasturbine kleiner Leistung
1961, 44 Seiten, 35 Abb., 2 Anlagen, DM 15,30

HEFT 955
Prof. Dr.-Ing. H. Opitz und Dipl.-Ing. H. Uhrmeister, Laboratorium für Werkzeugmaschinen und Betriebslehre der Technischen Hochschule Aachen
Die dynamischen Eigenschaften hydraulischer Vorschubmotoren für Werkzeugmaschinen
1961, 60 Seiten, 66 Abb., DM 20,—

HEFT 977
Dr.-Ing. Gottfried Kronenberger, Institut für Baumaschinen und Baubetrieb der Technischen Hochschule Aachen
Verdichtungswirkung und Arbeitsverhalten eines Einmassenrüttlers auf Schotter und Kiessand zur Ermittlung der maßgeblichen Einflußgrößen bei der Rüttelverdichtung
1961, 96 Seiten, 17 Tafeln, 7 Tab., 36 Abb., DM 27,70

HEFT 981
Dr.-Ing. Werner Wilhelm, Aerodynamisches Institut der Technischen Hochschule Aachen
Berechnung des Gaswechsels kurbelkastengespülter Zweitaktmotoren unter Berücksichtigung des Einflusses der Massenwirkung der strömenden Gassäule in den Spülkanälen
1961, 58 Seiten, 6 Abb., DM 19,20

HEFT 982
Dr.-Ing. Werner Wilhelm, Aerodynamisches Institut der Technischen Hochschule Aachen
Die Wirkung von Auspuffrohren mit Blenden am Rohrende sowie diffusorartiger Auspuffleistungen auf den Ladungswechsel einer Einzylinder-Zweitakt-Vergasermaschine mit Kurbelkastenspülpumpe

HEFT 983
Prof. Dr.-Ing. Paul Hadlatsch †, Aerodynamisches Institut der Technischen Hochschule Aachen
Berechnung der Druckwellen in Brennstoffeinspritzsystemen und in hydraulischen Ventilsteuerungen

HEFT 986
Dr.-Ing. Jameel Ahmad Khan, Aerodynamisches Institut der Technischen Hochschule Aachen
Untersuchungen zur instationären Strömung durch unstetige Querschnittsänderungen in Druckleitungen von Einspritzsystemen

HEFT 987
Dr.-Ing. Wilhelm Bosch, Aerodynamisches Institut der Technischen Hochschule Aachen
Untersuchungen zur instationären reibenden Strömung in Druckleitungen von Einspritzsystemen

HEFT 988
Dr.-Ing. Werner Wilhelm und Dipl.-Ing. Rudolf Jürgler, Aerodynamisches Institut der Technischen Hochschule Aachen
Nichtstationäre, eindimensionale und reibungsfreie Gasströmung schwach kompressibler Medien in Rohren mit einigen unstetigen Querschnittsänderungen
1961, 70 Seiten, 17 Abb., DM 21,50

HEFT 989
Dr.-Ing. Werner Wilhelm, Aerodynamisches Institut der Technischen Hochschule Aachen
Einfluß der Spülkanalabmessungen auf den Ladungswechsel kurbelkastengespülter Zweitaktmotoren

HEFT 1007
Prof. Dr.-Ing. H. Opitz, Dr.-Ing. Gottfried Stute, Laboratorium für Werkzeugmaschinen und Betriebslehre der Technischen Hochschule, Aachen
Untersuchung über den Einsatz der funkenerosiven Bearbeitung im Werkzeugbau

HEFT 1008
Prof. Dr.-Ing. H. Opitz, Dr.-Ing. P.-H. Brammertz, Laboratorium für Werkzeugmaschinen und Betriebslehre der Technischen Hochschule Aachen
Untersuchung der Ursachen für Form- und Maßfehler bei der Feinbearbeitung

HEFT 1011
Prof. Dr.-Ing. H. Opitz, Dr.-Ing. Günter Ostermann, Laboratorium für Werkzeugmaschinen und Betriebslehre der Technischen Hochschule Aachen
Untersuchung der Ursache des Werkzeugverschleißes

HEFT 1035
Dr.-Ing. Walter Rath, Lehrstuhl für Getriebelehre an der Technischen Hochschule Aachen
Massenkräfte in den Lagern sphärischer Getriebe

Ein Gesamtverzeichnis der Forschungsberichte, die folgende Gebiete umfassen, kann bei Bedarf vom Verlag angefordert werden:
Acetylen / Schweißtechnik - Arbeitswissenschaft - Bau / Steine / Erden - Bergbau - Biologie - Chemie - Eisenverarbeitende Industrie - Elektrotechnik / Optik - Fahrzeugbau / Gasmotoren - Farbe / Papier / Photographie - Fertigung - Funktechnik / Astronomie - Gaswirtschaft - Hüttenwesen / Werkstoffkunde - Kunststoffe - Luftfahrt / Flugwissenschaften - Maschinenbau - Medizin / Pharmakologie / NE-Metalle - Physik - Schall / Ultraschall - Schiffahrt - Textiltechnik / Faserforschung / Wäschereiforschung - Turbinen - Verkehr - Wirtschaftswissenschaft.

If you have any concerns about our products,
you can contact us on
ProductSafety@springernature.com

In case Publisher is established outside the EU,
the EU authorized representative is:
Springer Nature Customer Service Center GmbH
Europaplatz 3, 69115 Heidelberg, Germany

Printed by Libri Plureos GmbH
in Hamburg, Germany